人間の絆を求めて

国家秘密法の周辺

上田誠吉

花伝社

目次

序章　ロッキー山脈の麓で

ボウルダーへ

　一九八七年九月十七日、ロスアンゼルスを発った飛行機は、やがて快晴のロッキー山脈を越える。山の斜面の随所に、うす黄色に染まった不思議な斑点が見える。私は、あれは木のない地肌の色だというが、妻圭子は雲の切れ目が投影したものだ、といって譲らない。それらはいずれも間違っていて、のちに黄葉したアスペンの群落と知ったのだが、そんな云い争いをしているうちに山脈の東縁に近づく。急に天候が悪くなって厚い雲のなかに突入する。機は揺れながら暗い雲と激しい雨のなかを下

ロッキー山脈の麓コロラド州ボゥルダーの遠景

降していった。雲の下に出て、少し明るくなったかと思うと、もう眼下には雨に濡れたコロラド州の州都、デンバーの町並みが拡がる。この辺は天気予報のあたらないところのようだ。

雨のあがりかかったステープルトン空港で秋間浩、美江子夫妻の出迎えを受け、まずなによりもその場で拙著『ある北大生の受難―国家秘密法の爪痕』（朝日新聞社刊）を進呈した。美江子夫人の運転する車で小雨の降る山麓の高原を北西に約一時間走る。途中、街道沿いのレストランに入りコロラド・ビーフのステーキで夕食をたのしみ、やがて美しい研究学園都市ボゥルダーの北部、閑静な住宅街の一角の秋間邸に到着した頃は、夜もすっかり更けていた。

私は前年十一月に秋間浩から頂いた一通の手紙が機縁となって、美江子の兄、故宮沢弘幸のことを調べて、それを一冊の本にまとめることにかかりきってきた。戦時中に軍機保護法によってスパイに仕立てあげられ、懲役十五年に処せられて網走刑務所に送られ、戦後釈放されてやがて亡くなったもと北大生、宮沢弘幸とその家族の悲惨な事跡を世に出すことが、いままたその立法が企てられている国家秘密法案に反対する運動に貢献することになる、と考えたからである。九月にはいって本のできあがる見通しがたったところで、それまで何度も来日して苦難の事実を語ってくれた秋間夫妻に感謝し、あわせて出来上がったばかりの本を最初に秋間夫妻に進呈するために、急にこの旅行を思いたった。こうして私は、妻圭子とともにこのロッキー山脈の東の麓、ボゥルダーの街を訪ね、初秋の風光を楽しみながら約一週間秋間邸に滞在させて頂くことになった。

秋間浩(左端)と著者夫妻。ボゥルダーの秋間宅前、1987年９月(秋間浩提供)

ボゥルダーのコロンビア墓地。中央は石坂公歴の墓。1987年9月(筆者撮影)

もとはアラパホ族、シャイアン族などのインディアンが住んでいたが、前世紀の半ばに金鉱探しの人たちが山に入り、やがてここに住みついて鉱業を起こした。一八七六年からコロラド大学のキャンパスがここに設けられ、鉱業が衰退してからは、とくに第二次大戦後は気象、通信、電波、天文、宇宙、大気圏、環境、計測などの研究施設がここに集ってきて、一九五〇年には人口二万人だったのが、一九八七年には八万五千三百六十八人、隣接する町を含めると約十二万人に達する学園研究都市が生まれた。いまは学生、科学者、技術者の多い静かな町だ。

石坂公歴の墓

翌朝、晴れわたる。この町の緑は美しい。日本でいえば、東北地方の八幡平に相当する北緯四十度線が東西に貫通するこの町だが、しかし海抜一、六〇〇メートルにも達する高地で、そのためにマイル・ハイと呼ばれる一帯だから、朝の陽光は輝いてまぶしいほどである。町の西端に近いコロンビア墓地を訪ねる。この墓地は、赤い巨大な屏風岩が幾重にも重なってそそり立つボゥルダー山岳公園に連なる。入口の門柱にはパイオニア・ゲート・ウェイとあり、門扉に市当局がはめこんだ金属性のプレートには、ここが市のつくった最初の墓地で、さまざまな形をした墓碑にはボゥルダーをきりひらいた先駆者の名が読みとれる、と書いてある。芝生を敷きつめた広い地積のなかに広葉樹が繁り、その木蔭に間隔をとって多様な墓碑が並んでいる。オベリスクもあれば、石棺のような形のものもある。これらの墓碑を丹念に見ていくと、この町を拓いた西部のパイオニアたちの足跡が見えてくるのだろう。その西北隅の、墓地を囲むフェンスに近い芝生に、高さ三十センチメートル位の黒い花崗岩の墓碑が、あたりと見較べてとりわけ小さな碑がひとつ、少し離れて立っている。これが明治十年代から二十年代にかけての若き民権家、石坂公歴の墓である。私たちは、花を供えて頭を垂れた。

秋間夫妻はいつかたまたまこの墓碑を発見し、この地に眠る日本人の墓に、花を手向け続けてきた。石坂がどういう人物であったかは知らないままに、ボゥルダーに一人眠る日本人の霊を慰めてきたのだった。墓碑には、真ん中に「石坂公歴之墓」、向かって右に「千九百四十八年十二月富樫建立」、向かって左に「千九百四十四年八月死、行年八十歳」と刻んである。

青年民権家たち

石坂は、一八六八（慶応四、明治元）年一月二十六日、武蔵、南多摩郡鶴川村（今の町田市鶴川）で、豪農民権家石坂昌孝（一八四一年～一九〇七年）の長男に生まれた。大阪事件で父昌孝らが逮捕され、自分の身辺に危険の迫ったことを知った若い民権家石坂は、渡米を決意する。一八八六年（明治十九年）十二月二日横浜港を出港して、十九日にサンフランシスコに渡った。「明治十年代における真の自由民権主義者」馬場辰猪（西田長寿「馬場辰猪」、『民権論からナショナリズムへ』）が横浜を発ったのがこの年六月十二日で、サンフランシスコ到着が二十七日、ニューヨークにむけ出発したのが十一月十四日であったから、石坂がこの西海岸の町で馬場に会ったことはない。しかしサンフランシスコやオークランドに亡命していた日本の青年たちにとって、東部に移った馬場の存在とその活動は、輝く星だつた。馬場は主としてフィラデルフィアにあって、「日本の監獄で」、「日本の政治状態」（英文、『馬場辰猪全集第四巻』）などを発表して、大日本帝国憲法の制定を急ぐ明治政府弾劾の政治活動を展開した。

これらに呼応して、西海岸の青年たちは一八八七（明治二十）年にオークランドで『新日本』を創刊し、八八年には日本人愛国有志同盟（後に愛国同盟）を結成して機関紙「第十九世紀」を発行し、これらを日本へ送り続けた。

馬場がフィラデルフィアで客死したのは一八八八年十一月一日である。いまからちょうど百年前のこの年、十二月二日、サンフランシスコに集まった数十人の青年たちは、愛国同盟の総会を開いて馬場の死を悼み、その遺志をつぐことを誓った。この時の総会で石坂は役員に再選されている。ちょうど故国日本では三大事件建白運動がまきおこって、自由民権運動が最後の昂揚を示していた時である。私は一九八四（昭和五十九）年十一月、小雨の降るフィラデルフィアに馬場辰猪の墓を訪ねたときのことを思い起こしていた。

石坂昌孝の子に生まれた公歴には、民権派青年の中心人物として、ベンサムやスペンサーなどの洋学を熱心に学んだ時期がある。そのことが災いして後に故国を去った石坂に合わせて、その約六十年後の戦時下日本の札幌で、欧米文化の吸収にことのほか熱心であり、そのことでそうとは知らずにみずから受難の原因をつくっていった宮沢弘幸の悲劇が、重なり合う。葉蔭から明るい陽光のもれる芝生には、沢山のリスが尾を立てて縦横に走りまわっていた。

明治の自由民権運動が鎮圧されたあとの石坂公歴は、明治二十年代にサンフランシスコから西に入ったサクラメントの南、ウォルナットグローブで農地をひらく仕事に携わり、さらに北方ホィートランドの農園で働く。若い民権家はアメリカ西部の開拓者として、シェラネバダ西麓の各地で荒野に鍬を振るった。大正期には、サクラメントの南、ロディ市に、昭和に入ってからはさらに南のモデスト市に住んでいた。この間、幾度か日本に帰国しているが、その都度カリフォルニアの砂漠地帯の街に帰っている。激しい労働生活を過ごし、夏期にはカナダ方面に出稼ぎにいって、漁業労働にも従事した。

収容所での死

石坂公歴は家庭を持つことに失敗し、そして終始アメリカの市民権を持たなかったようである。晩年には次第に視力を失い、日常生活にも不自由になった。同じモデスト市に住む富樫新三郎医師の世話になることが多かった。その頃、太平洋戦争が始まる。

アメリカ西部には反日感情の嵐が吹きまくる。ルーズベルト大統領は一九四二年二月十九日、大統領令第九〇六六号に署名し、日系人に対する立ち退き命令を発する権限を陸軍長官に与え、議会は二月二十一日に日系人に対する強制収容法を成立させた。これらは十六分の一以上の日本人の血をうけた混血児を含むすべての日本人に適用された。こうして西海岸三州から立ち退かされて強制収容所に収容された日系人は、十一万二千三百五十三名に達した。砂漠や荒地に十カ所の粗末な収容所が急造された。

石坂も富樫も取り敢えず仮集合センターに入れられたが、やがて富樫はコロラド州グラナダの、石坂はカリフォルニア州マンザナールの収容所に移された。最高時、マンザナールに一万四十六名、グラナダに七千三百十八名が収容されていた、という数字が残されている。これらがアメリカ合衆国憲法に違反する措置であったことはいうまでもない。

西部の荒地に鍬を振るった開拓者、石坂はすでに完全に盲目になっていたが、一九四四年八月にひとり「死の谷」の収容所で果てた。戦後、一九四七年五月頃に新聞でロサンゼルスの教会にその遺骨が保管されていることを知った富樫は、遺骨を引き取ってボゥルダーのコロンビア墓地に葬り、墓碑をたてた。石坂の最期と埋葬の消息は、一九五六年十月十日の日付をもつ富樫新三郎の堀越英子（石坂の姉、美那子とその夫、北村透谷の娘）宛の手紙にその概要が記されていたことが、色川大吉によって紹介された。そして秋間夫妻は誰からも求められずにながくその墓守りをつとめ、いま私たちはその墓前に立つ。一九六五年からボゥルダーに住む秋間美江子は、この地にきた当時、富樫という日系の老人が日系人社会の世話をみておられた、その息子は確かボゥルダーの郵便局に勤めておられたはずだ、という。私は石坂の墓がここにあるのは、彼の生涯にふさわしい、と思った。

その青年時代に民権に目覚めたために明治政府からの危険を逃れてアメリカに脱出し、戦時中の収容所で果てたこの日本人の墓を守り続けてきた秋間夫妻は、いま国家秘密法案に反対して現代の民権のために努力を重ねている。志はいまにつながって生きている。

私達は、秋間夫妻や、この地で知り合った医師高橋夫妻の案内で、夏から秋に移ろうロッキーの山なみに分け入った。ボゥルダーの西北の山に入り、オフ・ロードを下って松茸狩りを試みたり、コロラド・スプリングスからロッキー山脈に入って、山深いアイダホ・スプリングスの温泉宿に泊まり、洞窟の温泉の入浴を楽しんだりしたが、どこでも雪を頂く数千メートルの連峯を背景に、黄色に色づいたアスペンの葉が陽光に輝いて、はげしく揺れていた。その爽涼な葉音はなにごとかささやいているようだった。早くも前世紀後半にこの山なみに入って、金、銀の鉱山や鉄道敷設の労働に従事した日本人の先人たち、そして戦前、戦中、戦後の時代にかけて少数者としての苦悩に耐え、この地に果てた父祖たちもまたコロラドの美しい黄葉に感嘆したことだろう。そう思うと、アスペンの葉のささやきは、この父祖たちの声を伝えているようであった。(石坂公歴については、色川大吉の一連の研究がある。その最期とボゥルダーの墓については、同「石坂公歴の最後のこと」、『多摩文化』一九号、一九六七年九月一日発行参照)

デンバーの街で

ある日、私は一人でデンバーの街にでた。路線バスで南に下り、デンバーの街なかのバスターミナルで降りて、地図を頼りに東北に進み、タマイ・タワーを探しあてる。ラリメア通りとローレンス通りの中間、十九番街一二五五番地である。宮沢とく、つまり宮沢弘幸と美江子のお母さんが、一九七四（昭和四十九）年八月から、亡くなった一九八二（昭和五十七）年一月まで、その静かな晩年を送った所である。タマイ・タワーとは、コロラド州を含む西部三州の日系人仏教徒たちが玉井僧侶を中心にして拠金し合い、これにデンバー市の再開発計画の援助を得て建設した高層のアパートメントである。とくは、その三〇八号室に住んでいた。お年寄りの日系人が単身で生活できるように配慮されていて、この一角には、邦語新聞社、日本料理店、旅行社、日本食を売るスーパー、日本美術品店などがあり、日本語で生活できる日系人街区になっている。

拙著『ある北大生の受難』を読んで、名古屋の作家、佐藤貴美子が手紙をくれた。そのなかに、「わたしには、母親のとくという人があざやかです」と書かれていた。たしかに、一八九五（明治二十八）年横浜の生糸を扱う商家に生まれ、八十六歳でデンバーに果てたこの女性には、夫の電気技師、雄也と三人の子供たちを守り、不幸に屈することなく奮迅の努力を重ねた「明治の母性」を感じさせるものがある。娘秋間美江子も母とくの一生の苦楽、特に弘幸の事件以来持ちつづけた「スパイ」の母としての「日陰者」意識を思うと、つい黙りがちになってしまうのだ。

戦後、一九四七（昭和二十二）年二月二十二日に、弘幸が亡くなってから、とくは働きづめであった。貸し本屋、逓信病院への出店、物品交換所の経営、逓信病院の患者の寮、医師、看護婦たちへの弁当の仕出し、切手印紙の販売、仕立て物など、朝から深夜まで働きとおした。娘美江子は一九五五（昭和三十）年に秋間浩と結婚して家を出た。夫雄也は、一九五六（昭和三十一）

年四月に亡くなった。ついで次男晃が、長崎での被曝が原因で、一九六四（昭和三十九）年に亡くなった。とくは、晃の未亡人と孫娘と暮らしていたが、その孫娘も一九七二（昭和四十七）年三月に結婚した。次第に身辺が寂しくなった頃、一九七三（昭和四十八）年三月に入浴中に倒れて二カ月入院した。五月末に退院したとくは、すっかり気落ちがして、「年には勝てず身寄りなき身となり、只一人の娘、秋間さん夫婦の厄介となる覚悟をきめて」（とく晩年の「手記」）この年七月に日本を発って、ボゥルダーの秋間方に移り住む。しかしすでに七十八歳になっていたとくにとって、異国暮らしに慣れることは難事であった。そこで「ほんとうに我がままの至りながら翌昭和四十九年七月に日本恋しくてとうとう日本へ帰って参りました」（前同）。

デンバーのタマイ・タワー。1987年９月
（筆者撮影）

そこで秋間夫妻は、日系の老人の単身者が多く住んでいて、日本食と日本語で暮らせるタマイ・タワーに部屋を借りて、ここで暮らすように、とくを説いた。美江子は、とくの日本への未練を断つために、すべての財産を処分してアメリカに持ってくるように、と

申し渡した。美江子にとって母へのこの説得は辛いことだったが、とくにとってもこの説得に応えるのは辛いことだったに違いない。しかしとくは今度こそは帰らない決意を固め、なにがしかのお金を持って、この年八月末にまたアメリカ生活に挑戦した。その後のとくは、秋間一家の庇護のもとにタマイ・タワーに住んで、日系人から「東京のご隠居さん」といって親しまれ、裁縫や踊りを教えながら感謝に満ちた生活を送る。

安静と寂寥

とくの残した「手記」の最後は、その亡くなる一年前の一九八一（昭和五十六）年二月二十二日の弘幸の命日の記録で、およそ次のとおりだった。

「あ、今日は弘ちゃんの御命日ですね、秋間美江子と小川文江さんが昨夜来相談をして、十八階の玉井先生のお部屋を借りて一人にでも多く御供養するのが弘ちゃんの冥福のためと、私はなんにも知らずにいたところ、朝九時頃文江さんが荷物を持ってこられ、びっくりしているところへ、一足違いに美江子がボルダーから山下さんと一緒に来られ、これまた驚き入りました。それから話を聞きましたところ、二人ともお母さんのしたいと思う様にするからとのことで、一寸呆然としていましたが、二人とも真心から忙しい思いをしてくれ、弘幸の祥月命日をして下さるのならよろしく御願いいたしますと頼み、それから二人で黒宮さんのところに行き、都合のほどを伺いに行ってくれたところ、心よりの御同意を得てきたからとのことで、手分けをして準備にとりかかりました」、こうして「弘ちゃんの一番好物のおはぎ」、「ごぼうの煮つけ」、「焼き肉」、「奈良漬」などが用意され、「私は只見ているばかりで何の役にもたたず、全部して貰い、只々御供養の御馳走になりました」、「ほんとうによい御供養をして頂き、そのあと皆さん、楽しそうにゆっくりお話ができ、もったいないような一日を過ごさせて頂き、有難うございました」、「定めて地下の故弘幸も満足して安らかに眠っていることと思います」、そして十七人の参会者の名前を几帳面に列記して、「母の思い出を一筆のこしてきます」と結ばれていた。

この文章には、ついの住処となった異国の地にあって、いっそうつのる弘幸への追憶とともに、晩年の安静な心境が語られていた。その安静の背後に諦観と寂寥があったと私は思う。

一九八一（昭和五十六）年夏には大病を患って意識を失い、人工呼吸器の世話になったが、医師を含めて周囲の人たちが絶望とみたときに、奇跡的に呼吸機能を回復し、回生の力を発揮して再び元気になった。そして一九八二（昭和五十七）年一月二十八日、デンバーのセント・ルークス病院で静かに息を引き取った。死亡診断書には「心原性ショック及び呼吸停止、重症虚血性心筋症及び左室機能異常の終末段階による」とあった。

カァ知事の顕彰碑

タマイ・タワーの前には、小さな日本風庭園がある。桜の花をかたどった赤いマークをつけた表示板には、サクラ・スクエアと書いてある。木蔭には、五重の塔のミニチュアがしつらえてある。そのいわれを書いたプレート板には、「サクラ・スクエア　ロッキー山脈地帯に東洋の芸術と宗教と文化をもたらした日本人男女の祖先を記念して、この誇るべき遺産を保持し続けた人たちにこの庭園を捧げる　一九七三年四月八日」と書かれていた。ここに少数者日系人たちの、父祖から後裔に伝わる高い矜恃が感得される。

庭園の一角に、小さな胸像が石台の上に建てられている。一九三九年から四三年までコロラド州知事をつとめたラルフ・エル・カァの顕彰碑で、その表面には英文の、その裏面には日本文の碑文が刻まれている。日本文の碑文は次の通りである。

秋間夫妻。サクラ・スクエアのカァ知事の碑の前で1987年12月（秋間浩提供）

「碑文　此ノ碑ハ日米開戦ノ際太平洋沿岸ノ日系人ヲ当州ニ迎エ入レ擁護サレタ知事ラルフ・カァ氏ノ大恩ニ感謝シ在米同胞有志ノ援助ニヨリ之ヲ建立シ其ノ遺徳ヲ後世ニ伝エルモノデアリマス　一千九百七十六年八月二十一日　知事ラルフ・カァ謝恩建碑委員会」　英文のものは、遙かに詳しくことの次第を告げている。次の通りである。

「第二次大戦の狂気の時期に、他の権力者

たちはこぞって合衆国のユニークな人権に関する高貴な諸原則を忘れてしまいましたが、コロラド州知事ラルフ・エル・カァだけは、勇気と見識をもって迫害された日系アメリカ人少数者の権益を擁護する発言を続けました。〝彼らは忠実なアメリカ人だ、ただ人種が敵と同じなだけだ〟と叫んで、日系人がコロラド州に来て州の戦争遂行に参加することを歓迎しました。このカァのまっとうな行動は後に彼の政治生命を断ちました。しかし数千人の人たちが住み慣れた西海岸の土地を追われ、保護を求めてコロラド州にやって来ました。そしてこの地に新しい家を建てて踏みとどまり、コロラド州の市民的、文化的、経済的生活に貢献しました。知事カァのヒューマニティに恩恵を受けた人たちは、ここに碑を建てて、彼の不抜のアメリカ精神を記念し、あわせて彼の発揮した民主主義の思想が永遠に偏見と無視にうち勝つことを祈念するものであります」。

知事の奮闘

ラルフ・エル・カァ（一八八七〜一九五〇）のこの日系人の権利を守った政治行動は、さまざまの反動を呼び起こした。コロラド州の人たちの多くは、日系人はスパイであり、コロラド州の外に追い出して、太平洋に叩き込んでしまえ、という暴論のとりこになっていた。州選出の連邦上院議員は、州兵の武力で日系人が州境から入るのを防止せよ、と主張していた。デンバー市評議会は武力で日系人を制圧せよと云い、デンバー市長ドルフは、いかなる理由であれ、日系人を一人たりともコロラド州に入れることには反対だ、と主張した。デンバー・ポスト紙に投書した女性は、コロラド州はジャップの掃き捨て場ではない、と書いていた。

しかしカァは日系人もまた合衆国憲法の前には平等である、と云って譲らなかった。彼は日系人を家政婦として家庭で雇うことを呼びかけ、移住してきた日系人への職業の提供を訴えた。そしてカリフォルニア大学から追われてきた日系人の女子学生をみずから自宅に雇って、コロラド大学に学ばせた。彼女が卒業すると、カァはまた別の日系婦人を雇って大学に通わせた。これらの活動のために彼は僅か二％の票差であったが次の連邦上院議員選挙に敗れて政界から去った。この選挙で勝ったのは、かつて州兵の武力を使って日系人たちをコロラド州外に追い出せと主張していたジョンソン議員だった。そしてカァは一九五〇年に亡くなった。その未亡人の姿が日系人の目に触れたのがきっかけとなって、この建碑の運動が展開された。秋間夫妻と宮沢とくは熱心にこの運動に加わった。美江子は、とくが日本から持参してきたお金の中から相当部分をこの建碑のための募金に投じた。そして、美江子は英文の碑文から日本語の碑文を作る仕事に参加していた。

宮沢弘幸は一九四一（昭和十六）年十二月八日、日米開戦の日の朝、札幌円山公園の近くの下宿でラジオ放送で開戦を知った。とるものもとりあえず、宮沢は北大構内の外人官舎にアメリカ人、レーン先生夫妻を訪ねて、次のように語りかけた。「先程ラジオで日本がアメリカとイギリスに対して戦争を開始したことを知りました。しかし戦争は国と国の間の出来事で私とレーン先生の間の出来事ではありません。私は先生の一家に対する信義を固く守り続けますから、どうか信頼して下さい。先生一家になにか困難なことが起こるかも知れません。その際はどうか私に教えて下さい。私はその解決のために尽力します」。

これだけ伝えてレーン夫妻と握手をしてその家を出たときに、特高警察は宮沢を逮捕した。「ある北大生の受難」はこの時に始まった。この同じ開戦のときに、太平洋の向こう側で迫害が迫る日系人に対して、宮沢がアメリカ人レーン夫妻に語ったこととほぼ同じことを語り続けていた政治家がいた。知事カァは開戦三日後の放送で、日系人もまた基本的人権の持ち主であることを説いていた。宮沢が札幌で日本人からスパイ呼ばわりされていたときに、コロラド州では日系人たちがアメリカ人からスパイ呼ばわりされていた。

そして三十五年の歳月が経った後に、宮沢の妹と母親はそのコロラド州にあって、知事カァの努力に感謝し、その遺徳を顕彰する運動に深くかかわっていた。

二つの輪廻

私はしばらくサクラ・スクエアの木蔭のベンチに座り、平和と人権をめぐる人々の営為と、それらを連ねる輪廻のようなものを感じていた。宮沢母娘とカァ知事とのつながりには、沢山の偶然がある。しかしそれらを超えて、差別と偏見との闘いの赤い糸が両者を結びつけている。コロラド州議会のキャピトルの壁面にも、日系人たちが捧げたカァ知事顕彰のプレートがはめこまれていたが、それは「彼の功績を貫く精神は、すべての真のアメリカ人の心のなかに生き続けるだろう」と結ばれていた。ここに「真のアメリカ人」と書いたことには、日系人の目からする多数者への厳しい批判がこめられていた。そして私は、コロラド山中の金鉱採掘のキャンプで生まれ育った若いカァが、一九一六年にはスペイン語系少数者の街、ニュー・メキシコ州との州境に近いアントニトに法律事務所を開き、自らスペイン語を語りながら彼らの権益を守ることにことのほか熱心な弁護士であり、またその北、十四マイルのラハラにあった日系人の居住区の人々とも親しくしていた、というその青年時代の日々に思いをはせていた。そしてこの正義感の強い法律家出身の政治家が、そのために失意の道を歩んだことに、むしろある親しみを感じていた。

時移り、戦時市民強制収容補償法案は一九八三年の連邦議会に初めて提出されて以来、幾多の迂余曲折を経て、漸く一九八七年九月十七日に下院で、八八年四月二十日に上院で可決された。戦時下に強制収容された日系人に対する公式の謝罪と補償金支払いを定めた法律である。まだ両院の可決した法案の調整に手間がかかるようだが、しかし日系人たちのながい人権回復のための努力が実を結ぶかどうか、財政難に悩む大統領府のこの法律に対する対応が注目を集めている。この法律の眼目は、「国家の安全の名のもとに、国民が他の自国民に対して憲法上の諸権利を奪う過ちを二度と繰り返してはならない」(ダニエル・イノウエ上院議員)ことだ、という(朝日新聞、八八年四月二十六日付)。この観点は国家秘密法を考えるうえでも限りなく重要に思われる。

一九八七年十二月十一日、この日はいまにも雪の降り出しそうな寒い日だったが、デンバーのサクラ・スクエアとキャピトルで、コロラド東洋文化協会と日系市民同盟マイル・ハイ支部の共催により、ラルフ・エル・カァの誕生百年記念祭が催されたが、その席に秋間浩、美江子夫妻の姿が見えたことはいうまでもない。いま戦時市民強制収容補償法をめぐってアメリカ合衆国の公式の態度が問われようとしているのだが、しかし約半世紀前、開戦時に強制収容の違憲性を強調して政治活動を展開したこの硬骨の政治家の偉業を想い起こすのは、どうやら日系人しかいないようである。ここにもう一つの輪廻がある。

マライーニの献辞

九月十八日の夜、秋間夫妻と私たちはボゥルダーの商店街を散歩した。ボゥルダー・モールと呼ばれる歩行者天国のような一角である。トライデント・ブックセラーズという古本屋をのぞく。秋間浩が突然声をあげて「マライーニさんの本がありますよ」という。この街でフォスコ・マライーニの『ミーティング　ウイズ　ジャパン』という本にお目にかかるとは思いがけないことだった。早速購入して持ちかえった。一九六〇年にニューヨークのバイキング出版社から出された本、もとはイタリア語の『オレ　ジャポネジ』（一九五七年版）で、エリック・モスバッヒアという人による英語訳である。マライーニは、一九一二年生まれのイタリア人、フィレンツェ大学で人類学を学び、一九三八（昭和十三）年に来日して北大でアイヌ研究に従事し、その間に宮沢弘幸と親交を結んだ。ながくフィレンツェ大学の教授をつとめ、一九八六（昭和六十一）年には、日本文化の海外普及による国際交流への貢献で国際交流基金賞を受賞した日本研究者でもある。私は秋間邸でこの本を拾い読みをして、一驚した。宮沢弘幸に関する叙述があるばかりか、なによりもこの本は宮沢へ捧げられた本であった。著者はその妻トパーチァと三人の娘たち、それにN・G・マンロー博士とG・パスクァリ教授と並んで、宮沢への献辞をその序文のなかで書いていた。その部分は次の通りである。

「また私は、宮沢弘幸の名を落とすわけにはいかない。彼は私の最も親しい日本の友人の一人であり、また登山と研究の仲間であったが、日本の軍国主義体制の、愚かしい、そして捉えようのない残虐さのために、その短い命を落としたのであった。弘幸は、世界に向かって偉大な価値をもつ日本人の心のもっとも高貴な一面を代表していた。今日の西欧の我々よりは古代ギリシャ人達がより深く理解することのできるような、美というものに対する鋭い感受性、その人生に対する情熱的な取り組み方、人間に対するだけでなく、チベット人のいうように〝心あるもの〟も〝心のないもの〟も、すべてのものごとに対する深い親愛感などがそれである。

そして日本人の性格のなかにひそむもう一つの側面、それは何百年にもわたってその美質とあいいれなかった、粗野で暴力的で、そして蒙昧な側面が、宮沢に対しておそいかかったのであった。私は弘幸の事件を支配したのが、この日本人のもつ後者の側面であったということが、不条理な運命のもたらした悲惨であったことを希むものである」。

このイタリアの碩学が、不幸な日本の旧友に対して、早くも一九五七年に最大級の賛辞を呈していたことを知って、私は心暖まる思いがした。そして同時に、故宮沢弘幸の悲惨な事件を最初に世界にひろく伝えたのは、ほかならぬマライーニであったことを知った。

「影の人」との再会

私は秋間邸でマライーニの本を読み進めた。この季節、秋間家の居間は心地がよい。面白いことに秋間家では家人が外出して留守になっても、玄関のドアは施錠していない。この家はボゥルダー市民に開放されているような感じで、出入り自由である。それにドアの一部は網戸になっていて、初秋の涼風が吹き抜ける。西陽を避けてカーテンを引き、電気スタンドの灯で本を読んでいると、皆さん外出した秋間家の居間は、すこぶる閑静で清涼である。ときに深夜に及んで、秋間夫妻に迷惑をかける仕儀となった。

マライーニは一九四一（昭和十六）年四月に京都に移り、京都大学で教鞭をとる。太平洋戦争の開戦にあったのは、京都であった。マライーニは宮沢の受難を知り、その無実を固く信じていた。宮沢と北海道でともに冬山の登山をした時に愛用した寝袋を獄中の宮沢に差し入れるために、北大時代の共通の友人、故武田弘道（当時京大生）にひそかにその郵送を依頼したりしていた。すでに特高や憲兵はマライーニの身辺にも迫っていて、彼自身がそのことにあたることは、危険であった。やがて一九四三（昭和十八）年九月、彼の故国イタリアは連合国に降伏して、彼は一転して枢軸国の国民から敵国人に変わった。そしてマライーニ一家は名古屋近郊の敵国人収容所に収容され、日本の敗戦後にようやく自由の身となって、上京した。一九四六（昭和二十一）年一月、マライーニは宮沢と再会する。その時の叙述がこの頃の宮沢の様子を生き生きと伝えている。戦後の宮沢の言動を描いた文章は、母とくの遺した手記を除くと、このマライーニの叙述以外にはない。文中ヒロとは弘幸のことである。

「収容所から釈放されたあと、私はアメリカ軍に雇われて、アメリカ軍に就職しようとする日本人求職者と面接する仕事に携わっていた。アメリカ軍の給料は高かったので、求職者はいつも長い列をつくっていた。ある一月の寒い朝、私が事務所の椅子に座っていると、ドアのところに一人の老人の影を見たように思った。私がもう一度見なおすと、影は私に挨拶してきた。そのとき私はこの人の姿になにか親しいものを感じたが、しかしどこかが変わり過ぎていて、私には理解できなかった。その人は遠慮勝ちに私の前にきて、そして小さな声でいった。

〝あなたはマライーニさんですか〟〝はい、あなたはどなたですか〟影の人は、周囲に気をつかいながらいった。

〝お仕事の邪魔になってはいけません。あとで外でお待ちします。私はヒロです〟

〝ヒロ！ヒロ！〟私は不意を打たれて彼の名前を繰り返すことしかできなかった。なんと彼は変わり果ててしまったのか。彼はまだ二十三歳か二十四歳（二十六歳が正しい。私註）でしかなかったはずなのに、なんと五十歳台の人のように見えたのだ。彼には歯がなく、黄色の肌をして、そしてむくんでいた。それらは太陽から隔絶されて、ながく刑務所に拘禁されていた人に特有のものであった。その頃には、ヒロと似た体験の持ち主はほかにも沢山いたのだが、しかし私はその人たちが厳しい試練を受ける前の様子を全く知らなかったから、比較のしようがなかった。しかし、ヒロについては私は北海道、札幌の学生だった頃のことを知りつくしていた。ヒロは、剛毅、強靱で温かい心の持ち主、つまりまぎれもない若者だった。彼は知識へのあくなき渇望を持ち、そのうえ登山家でもあった。彼は私が北海道で得た最初の友人の一人であり、この北のはずれの島でしばしば北方の冬山へのスキー旅行をともにした仲間であった。いま、このように魂の抜けたような状態が彼の身のうえに起ころうとは、考えられないことだった。彼の目、彼の姿は彼のものではなかった。彼は打ち砕かれてしまったのだ、彼の示した遠慮と不確かな態度は、かつては彼のもっとも好ましい性格の一つであった強固な自己確信とは正反対のものだった。

私は離席の許可を得て事務所を出て、一緒に喫茶店に入った。私は努めてこのような状態のヒロを見た驚きを隠そうとしたが、彼は自分がこの落ち込んだ状況にあることをよく知っているようだった。彼は生きて帰れるとは思われなかった五年間の拘禁生活の飢餓と極寒とひどい仕打ちについて語った。最初の年に、とくに網走の極北の寒気のなかで、華氏零度の寒さの夜も彼と同囚の人達は、朝まで暖房なしで放置された。彼は脚気と肺結核を患い、ながく生きられないことを知っていたようだが、しかし彼が夢見たよりよい日本が、おそらくいまあらたに誕生しつつあることを幸いとしていた。彼はスパイの嫌疑で拘禁されたのだが、しかし彼がやった犯罪といえば、当時札幌にいた私をはじめ数少ない外国人と協力したに過ぎず、それも私達の言葉、英語、フランス語、イタリア語を学び、外国事情を学ぶためであったことを、私は彼自身と同じ位によく知っていた。

私は彼に、正式の裁判を受けたのか、と尋ねた。彼は、裁判を受けたがそれは茶番だった、見たこともない証人が登場し、彼の供述は変造され、大東亜戦争に対する破壊活動として二十年（十五年が正しい。私註）の懲役に処せられた、と答えた。

翌日、私は彼を政治的訴追の犠牲者の問題を扱うアメリカ軍の事務所の責任者のところに連れていった。彼の申し出は温かく受け付けられ、我々は彼が再出発できるように、そして適切な医療を受けられるように、補償金を得るように努力したが、ほどなく彼は喀血のために亡くなった。彼は軍国主義者による専制のもう一人の犠牲者であり、そしてまた確かに彼にふさわしい謙虚な、そして静かなやり方における勇者（a hero）であった」。

白い夏の朝

私は「彼は打ち砕かれてしまったのだ」と訳したが、この部分は〝he was a broken man〟とある。hero であり、そして同時に broken man であった宮沢の内側で、なにが「打ち砕かれた」のか。人間と社会に対する信頼、これが国家秘密法によって粉砕されたのだろう。

それが同時に宮沢の肉体を破壊した。宮沢が戦後に生きた短い時間に、北大関係者との交友を回復しようとした形跡はない。北大からの復学の誘いにも乗ろうとはしなかった。マライーニは

常円寺にある宮沢家の墓(東京・新宿)1986年12月(筆者撮影)

その唯一の例外だった。ここから立直るには時間が必要だった。しかし宮沢の肉体はその時間を与えてくれなかった。

　マライーニは間もなく帰国したが、一九五四（昭和二十九）年の来日の際に宮沢家を訪問し、母とくの案内で弘幸の眠る墓所をたずねた。東京、新宿の常円寺である。その日のことを、マライーニは次のように叙述していた。

「それは日本での夏によくある白っぽい朝のことだった。その日が曇っていたのかどうかもはっきりいえないが、陽光は輝き、まぶしいほどなのに、日陰はなかった。我々は寺の本堂を出て小屋や店に囲まれた境内にでた。白い壁に太陽がまぶしく反射していた。ヒロの母に案内されて卒塔婆の間のこみちを進んだ。卒塔婆は様々な形をしていたが、しかし基本的にはすべてストゥパーチョーテンーパゴダから発して全アジアの仏教世界に拡がっていったものだ。やがて我々はヒロの戒名が宗教的書体で書き込まれた灰色の石塔の前についた。その戒名は、ここでの慣行に従って彼が生前に使っていた名前とは全く違った大変難しいものだった。

　彼の母は、なんども石塔に水をかけながら、習慣に従って、彼に興味がありそうなニュースをあたかも彼がそこにいてきいているかのように、声高く語りかけた。最初に彼女は私が日本に帰って来たことを告げた。〝ナムアミダブツ、ナムミョウホウレンゲキョウ、あなたの友達のマライーニさんがその故国から海を越えて再び日本にやってきました、私達はみなあなたのことを覚えており、あなたを愛しています……〟私もまた小さな木のひしゃくで水を汲んで石塔に注ぎ、線香を供えた。やがて雨が降り出して、そこをひきあげた。日本の習慣に従えば、私は笑みをたたえているべきであり、きちんと振る舞うのが正しかったのだが、しかし私はうまくやれなかった。不作法にみえるのを避けるために、私は手洗いに行きたいといい、しばらくは寺院の暗い一隅に身をかくしていた」

帰りの機中で

私はマライーニの本にすっかりとりつかれていた。私は一冊の本を書きあげて、それを届けにボゥルダーに来たはずだったが、マライーニの本に触れてなにかまだ執筆が続いているかのような気分になった。そして拙著の完稿前にこの本を読まなかったことがしきりに悔やまれた。秋間浩は、もし完稿前に読んでいたら、完成は半年遅れましたね、といって慰めてくれた。この人はいつも温かい心の持ち主だ。

マライーニの本は、著者の在日経験と戦後の再訪による見聞を経とし、著者の日本研究の深い蓄積を緯として、抜群の観察力と表現力と文学的素養に裏付けられた名著であって、読み出すと読者を離さない力を持っている。マライーニは戦前、戦中の日本で外国人をすべてスパイ視する特高、憲兵の態度に困惑しきっていた。特に著者の戦時下抑留中の苦痛、飢餓、虐待、拷問、空襲と、これに対する著者を初めとする十六人のイタリア人たちの抵抗の記録は貴重である。それにはハンストと著者自らが特高の前で指を切り落とし、これを特高に投げ付けて「イタリア人は嘘つきではない」と叫ぶ激しい体験の記録を含んでいる。個々の特高警察官を描きわけ、イタリア人被収容者のそれぞれの個性と極限状況における対応を描写した部分は、ひとつのヒューマン・ドキュメントといってよい。短いコロラドの旅の終わり、私は帰りの機中で読書灯をつけっ放しでこの本を読み続けた。そして戦時下日本でスパイ狩りの嵐は、マライーニ一家をはじめとするイタリア人たちをも死の危地に追いこんでいたことを知った。それればかりではない。日本人同胞が経験したであろう無数の苦難が、なお未知のままであることの方がはるかに問題なのだ。

ドラマの終幕

私はまた、時々は暮れいく洋上の微光を窓外に眺めて目を休めては、この一年のことを振り返っていた。拙著『ある北大生の受難』のための調査と執筆は、沢山の人々の協力のもとに展開されたた一つのドラマのように思われた。それまではお互いに未知であった、それぞれの立場の人々が、ひとつ国家秘密法反対の意思に結ばれて新しい知見を求め、それらを交換し合った。すでにかなりの年配に達した人たちが、若い頃からの友人であったかのような信頼を結び合った。私はそれをまとめる役目を引き受けたに過ぎない。

秋間夫妻と私との交際にしても、浩の一通の手紙に私自身が強く動かされたことに発端したのだが、しかしその前には夫妻が拙著『戦争と国家秘密法』（イクォリティ刊）を読んで宮沢弘幸についての新しい知見を得た、ということがあり、さらに遡ると朝日新聞の藪下彰治朗記者が拙著を夫妻に贈った、といういきさつがある。そしてその前には私が藪下記者の国家秘密法に関する調査と取材に協力した、ということがある。国家秘密法をめぐる、こうした幾つかの事情を積み重ねて、いま私は太平洋を西に飛んでいる。秋間浩は、学年のうえでも年齢のうえでも私より一年うえで、ともに太平洋戦争の末期に東京で旧制高校を終えて大学に進んだ、ということにある親しみを覚えていたことは確かだが、しかしともに六十歳台になってからの初対面の身でありながら、この一年の間に新しい信頼を結ぶことができたことの幸いを、私は感じとっている。

太平洋を超える小さなドラマはいま終幕を引こうとしている。私はむしろ気持ちのうえでの幕引きのために、この旅に出たはずだったが、同時に次の開幕が迫る緊張をも感じとっていた。いったんは廃案になった国家秘密法反対という大きなドラマの二幕目が、いま開幕のベルを告げようとしているからだろう。そしてこの新しいドラマの成功のために、この一年の国家秘密法に反対する営みのなかで培われた多くの人たちとの友情は、きっと力になってくれるに違いない。九月二九日、機は暮れなずむ成田空港に向けて下降しはじめていた。

その翌九月三十日の夜、小雨の降る赤坂・霊南坂を登って、私は教会を訪ねた。いまはアメリカの各地に住むレーン家の六人の娘さんたちが、かつて学んだ札幌・北星学園の百年祭に出席するために揃って来日し、父母の眠る札幌を訪ねた帰りに、在京の北大同窓の方々が追悼と歓迎の集会を開いたからである。教会の集会室は青春をなつかしむオールド・ボーイたちでにぎわっていた。私は拙著『ある北大生の受難』を、六人の姉妹に贈った。黒岩喜久雄もその席に見えていた。私は拙著に無断で登場して頂いた黒岩にそのことを述べて、寛容をお願いした。

I　マライーニ家の受難

マライーニと宮沢

一九三八（昭和十三）年十二月十五日午後七時四十分、イタリア人フォスコ・マライーニは妻トパーチァと二歳の娘、ダーチァとともに札幌駅に降り立った。一九一二年十一月十五日生まれのマライーニはこのとき二十六歳で、その前年にフィレンツェ大学を卒業し、やがて博士号をとり、すでにG・ツッティとともにチベット探検の経験をもつ少壮気鋭の文化人類学者であった。国際学友会の奨学金を得て、北海道大学解剖学教室の児玉作左衛門教授のもとでアイヌ民族の研究をするために来日したのであった。

マライーニは、一九四一（昭和十六）年四月まで札幌に滞在してアイヌ研究を進め、一九四二年には『アイヌのイクバシュイ』（アイヌのひげあげべら）という研究書（イタリア語、イタリア文化協会・東洋研究書第一巻）を発表したが、同時に札幌で多くの日本人学生と交友を結び、北大や小樽高商に勤務する欧米人とも交際を深めた。登山やスキーを共にし、日本人学生と欧米人との親睦、研究のサークル、「心の会」（ソシエテ・ドュ・クール）に加わった。マライーニは後に書いている。「私が幾人かのまさに最上の日本人の友を得たのは、この『心の会』を通じてであった。そのいくつかのケースは、相互に共感と尊敬とが結びついたものであって、そのとき形成された友情は生涯続いたのであった」（「PASSEROTTO―半世紀前の札幌の思い出―」、『会議は踊る　たゞひとたびの』）。

その深い友情を交わした日本人学生の一人が北大工学部学生宮沢弘幸であり、その交友の詳細は拙著『ある北大生の受難―国家秘密法の爪痕』に叙述した通りであった。

マライーニは一九四一（昭和十六）年四月京都に移り、知恩寺の裏手、飛鳥町に住んだ。京都大学でイタリア語を教える講師となったのである。この年の夏、宮沢は京都にマライーニを訪ね、ダーチァを連れて桂川の保津峡に遊んだ。水浴を愉む三人の写真が残されている。その直後、宮沢は二度目の大陸旅行に出発した。

宮沢とくの訪れ

太平洋戦争が始まったこの年十二月八日の朝、宮沢は北大英語教師、レーン夫妻らとともに軍機保護法違反の疑いで特高警察に検挙された。マライーニが京都で宮沢の母、とくの来訪を受けたのは、翌年春のことだった。母とくは、弘幸が検挙されて北海道内の警察署の留置場を転々としていることを語り、「弘幸はなぜ捕まったのでしょうか、なにか検挙の理由に思い当たることはありませんか」と尋ねた。とくの京都行きはよくよく困った果てのことだった。弘幸が検挙されたことは、その日のうちに知人、遠藤毅（当時札幌逓信局長）から電話で東京の宮沢家に伝えられた。両親は直ちに札幌に出向いて、検挙の理由と事件の見通しを尋ね回ったが、誰も教えてくれる人はいなかった。ことは軍機にかかわる。特高はなにも答えない。知人たちにも見当がつかない。こうして母とくは、藁をも摑む気持ちで京都に弘幸の親友、マライーニを訪ねた。

マライーニはこの時初めて宮沢らの検挙を知った。そして「私はすぐにこれはひどいでっちあげであると察知して憤慨しました」（一九八七年六月二十日付、札幌弁護士会主催の市民集会宛メッセージ「宮沢弘幸の思い出」）。

しかしマライーニにも答えるすべはなかった。特高が宮沢に対してどんな落し穴を用意したのかは、見当がつかなかった。札幌時代の欧米人との交際を思い返してみても、特高のつけいる隙はなかったはずである。「心の会」でも話題は慎重に選ばれて、「ホットな問題」は避けたのだった。「軍隊の重々しい手や軍国主義的な指導者らのもとに、日毎により狭い国家主義のうちへ閉鎖的になりつつあった世情のなかで」、「警察もまたいろいろな形をとってますます不愉快な存在になってきた」が、しかし「私たちはみんな警察が目（あるいは耳）を光らせていることを知っていたし、それに注意深いことに越したことはなかったからである」（前掲「PASSEROTTO」）。

マライーニは宮沢とくの落胆する姿に心を痛めたが、しかし慰めようもなかった。宮沢とくは肩を落としてマライーニ方を辞去した。

マライーニは宮沢とともに北海道の冬山を滑走した日々のことを思い起こした。白銀の山頂に雪穴（イグルー）を作って過ごした夜の冷たさを、いま宮沢は獄中で経験しているに違いない。マライーニは、その冬山で使用した寝袋を獄中の宮沢に差入れることを思い立った。しかし宮沢はスパイ容疑で拘禁されている。マライーニがそれを直接に郵送することは危険だったので、北大時代の共通の親友で京大にきていた武田弘道に依頼した。宮沢はマライーニの名前がなくても、一目でそれがマライーニからのものであることがわかるだろう。武田はマライーニから受け取った寝袋を東京の宮沢家に送って、差入れを依頼した。母とくはこれを差入れようとしたが、拘置所当局は受領を拒絶した。

身辺に迫る危険

太平洋戦争の開戦と同時に、敵国人となった在日欧米人たちは「戦時特別措置」によって収容され、その一部は検挙されて自由を失ったが、日本がナチス・ドイツとともに軍事同盟を結んでいたイタリアの国民、マライーニには、まだ京大で教壇に立つ自由が与えられていた。しかし戦局が悪くなるとともに、マライーニの身辺にも特高と憲兵の圧力が強められた。憲兵が自宅にあがりこんでマライーニの書斎に入り、書籍、書類、手紙の類を調べていった。そのような困難な状況のもとで、一九四二（昭和十七）年三月には、アイヌ研究のうえで師事してきたN・G・マンロー博士の容態の悪化を知って、北海道・日高の平取村二風谷にマンロー博士を見舞い、四月十一日にはチヨ夫人とともに博士の死を看取った。(「昭和十年代の二風谷」、『創造の世界』六十六号)

一九四三(昭和十八)年になってから、京都の特高に呼び出された。出頭してみると、特高の机の上にはマライーニが書き損じて捨てた書類や手紙が、つなぎあわせて置かれていた。尋問はたわいないものだったが、身辺は厳重に監視されているという言外の圧力を十分に感じさせるものだった。すでにみたように、マライーニ一家はこの年九月に収容されたが、その直後、京都の家で幼児たちの家庭教師を依頼していた森岡まさ子夫人は、その夫とともに特高に検挙されて拷問を受けた。広島出身の森岡夫人は、一九四五(昭和二十)年十月に上京し、マライーニの寄宿先を訪ねて、ことの次第を語った。それによると、特高はマライーニがスパイであったことを認める調書に署名することを要求して、夫妻を欧打した。すでにマライーニがスパイであることを自認したから、どんなに否認しても無駄だ、といって脅かされた。夫妻はマライーニがそんなことを認める筈がないと信じて頑張った。そしてやがて釈放された。マライーニは自分たちがスパイの落し穴に落ちこまずにすんだのは、森岡夫妻のおかげだったことを知って深い感動を覚えた。マライーニは書いている。「人々は貧しかったかもしれないが、しかし少なくとも不信でずたずたに切りさかれた獣のような暮しを送ることをはっきり拒否していたのだ」(フォスコ・マライーニ著『ミーティング　ウィズ　ジャパン』以下おおむねこの本による。特に断らない限り、引用はこの本からのものである)。

故国での異変

マライーニの祖国、イタリアでは第二次大戦の末期を迎えて、激しい変動が起こっていた。一九四三年七月、連合国軍はシシリー島に上陸し、一九二二年以来のファシスト政権は崩壊に瀕していた。七月二十五日ムッソリーニは失脚して逮捕され、バドリオ元帥が後を継いだ。そしてバドリオ政権は九月八日に連合国に降伏し、十月十三日に対独宣戦を布告した。他方ムッソリーニは九月十二日にドイツ軍に救出されてナチス・ドイツのかいらい、ファシスト社会共和政府をつくり、その首班となったが四五年四月二十八日に銃殺される。当然のことながらこれらの異変はマライーニの身辺にも及んだ。マライーニは書いている。「一九四三年を過ぎるとイタリアは二つに分割されて、私は日本の官憲に身柄を拘束されて家族ともども名古屋のそばの天白というところにある収容所に抑留されました。私達は一九四五年八月十五日まで約二年間そこで暮らしました」(前掲「宮沢弘幸の思い出」)。一九四三(昭和十八)年九月八日以降、マライーニ一家(妻と長女、日本で生まれた次女ユキ、三女トニ合わせて五人)その他のイタリア人たちは同盟国の国民から一転して敵国国民の処遇を受けた。すべてのイタリア人が収容されたわけではない。彼らがムッソリーニのファシスト社会共和政府ではなく、イタリア王室のもとにあったバドリオ政府を選んだからである。「私たち全員は、嫌疑だけにせよ公然と宣言したにせよ、いずれにしても反ファアシズムであったために、拘禁されることになった」のである。だからプリンチピーニ大佐のように、ファアシストとして引き続きムッソリーニに忠勤を励んだイタリア人は、日本政府から唯一のイタリア代表として承認されていたのである。そしてバドリオとムッソリーニがイタリア半島の南北にその二つの政権を維持していた頃、日本の収容所でマライーニたちはどちらの政権を支持するのかについて、厳しい尋問を受けた。祖国の事情について極度のニュース欠乏の状態にあったマライーニたちは、つとめて寡黙に応対した。

名古屋への護送

マライーニ一家が京都の家に軟禁されたのは、九月八日のことだった。外部との連絡は電話を含めて一切禁止された。身辺を片付けるように、といわれたが、なんのためかがはっきりしなかった。おそらくどこか収容所に連れていくためだと思われたが、正式に監禁が知らされたのは数日後のことだった。妻トパーチァは娘たちを連れて、警官の護衛つきで医者の診察を受けにいくことが許されたが、その二日後に京都を発つことになった。その日は京都が一番美しい秋晴れだった。娘たちは姉さんと呼んで親しんできた森岡夫人と泣いて別れを惜しんだ。

年来の付合いで顔見知りになっていた京都の警官たちは親切で、出来るだけ目立たないように護送してくれた。二台の車に分乗して、日曜日の遠出に出掛けるような格好で京都駅に向かったが、列車に乗ってからは様子が変わって、拘束されていることが傍目にもはっきり判るようになった。他の乗客との会話は禁止され、窓外を見ることは許されず、まして停車中に車外に出ることはできなかった。まだ二歳になったばかりのトニは、車内の日本婦人たちの関心を惹いたので、警官はミルク瓶を持たせてマライーニとトニを制動手の部屋に閉じこめてしまった。二時間後に名古屋に着いた。ここで名古屋の警官への引き継ぎが行われたが、京都の警官はもの静かで丁寧だった。それに上司との間に面倒なことが起きないことを専一にしているような様子だったが、名古屋の警官はこれとは正反対で固い顔つきをして言葉使いも厳重な命令調だった。名古屋で電車に乗りかえて八事で降り、徒歩で石だらけの丘を上って天白（現名古屋市天白区）に向かった。

四人の特高たち

ある大きな会社の社員保養所であった天白寮というところで、十六人のイタリア人たちの収容生活が始まった。名古屋の警察部長がやってきて、イタリア人たちは完全に警察の掌握下にあり、イタリア人たちがそのように振る舞えば、万事はうまくいくだろう、と訓示した。そして四人の特高が天白寮に住み、二人ずつが組んで交替勤務につくことになった。四人の特高の上官は粕谷という男で、諸君は完全に日本式の生活を送ることになる、と宣言した。

粕谷は三十歳位の痩せた小男で、身だしなみがよく、決して大声を出したことはないが、また滅多に微笑したこともなかった。神経質そうな、インテリ風の手つきをしており、少し英語をしゃべり、それにイタリア語も理解していた筈だ。粕谷は四人のなかで一番嫌われ、恐れられていた。

それは粕谷が一番インテリだったからだ。最初の頃、西村という特高が余分の野菜と米を支給したが、粕谷はこれを見とがめて禁止した。次の二人組の上官は青戸という五十歳くらいの男で、少し荒っぽく短気だったが、粕谷とは反対に警察世界での昇進をすっかり諦めた感じだった。青戸は粕谷の冷酷と洗練を持ち合わせていなかったので、それだけに率直で庶民的なところがあった。青戸は時々大きな声を出して冷静を失うことがあったが、しかしその手中にある被収容者に対して、粗野だが親切な家長ぶりを発揮することがあった。機嫌のよいときに青戸に物事を頼むとその美質を示してくれたが、しかし粕谷はそうではなかった。四番目は藤田といって、若くて残酷、それに愚かで尊大な振る舞いが多かった。四人のなかでは最も軍国主義的で、ことあるごとに日本の偉大さを吹聴し、天皇への崇拝を語ったが、しかし藤田は愚かだったから一番怖がられていなかった。

傷痍軍人の目

マライーニは戦後一九五三年から五四年にかけて来日し、日本の各地を旅行したが、その際に名古屋の天白時代の四人の特高のうちの一人と再会した。それは東京、上野公園に盆踊りの見物にでかけた時のことだった。人ごみのなかで白衣を着た傷痍軍人が寄付を求めていた。その傷痍軍人と目が合ったのだ。「私は彼を見、彼もまた私を見た。しかし私は思い出せなかった。彼は遂に〝マライーニさんですか、私は西です、覚えていませんか〟と問いかけてきた。彼は哀れな笑みを浮かべ、みじめにも一切の尊厳を失っているように見えた。すぐに私は収容所時代の警官の一人で、一番ヒューマンで丁寧な人だったことを思い出した。彼は二カ月ほど私たちのところにいて、やがてどこかにいなくなった。彼は云った、〝私は召集されたんです、どうしようもなかったですよ、沖縄で飛行機の襲撃を受けてなにもしないうちに片足をなくしました〟。それはマライーニにとって苦痛な一瞬だった。なんと答えてよいかもわからなかった。「収容所での寒くてひもじい長い月日のあいだに、私たちは警官の悪口を云い続けてきた。しかし今はこの人の苦境になにか責任があるような感じがして、ひどく自責の念にとらわれた」。あいにくポケットはからだった。マライーニは自分のアドレスを書いて渡し、彼の幸運を祈ってその場を後にした。「私はお祭りの群衆にもまれて人波のなかに流された。暫くして振り返ると彼は頭を垂れてお辞儀をしており、やがて人ごみのなかに見えなくなった。西さん、どうか許してくれ」。マライーニはこう書いている。

飢餓との闘い

天白寮で終始イタリア人たちを苦しめたのは、食糧不足による飢餓と空腹との闘いだった。当初の二、三週間は持参してきた缶詰類で補食をとることができたが、やがて十六人に対して、一日当たり米二八合(一人当たり一合八勺)、スプーン二、三杯の味噌、醬油、それに若干の野菜が与えられただけだった。ときたま一人あたり半身の小さい魚が、そして月に一度位、何グラムかの肉が与えられた。

「この食事は生死のさかいで生命を維持するに過ぎないものだった」。「一日に三回、朝はスプーン数杯のご飯と熱い味噌汁椀一杯、昼と夜は量を増やすために煮過ぎた、小さな皿一杯のご飯を食べたあとで、半時間ほどの安らぎと静けさがやってくる。そのあと再び空腹が、時には胃の痛みと激しい空虚感となり、時には極端な無力感となって襲ってきて、それは食前よりも一層苦しいのだ」。

「化学者と技師が額を寄せて計算した結果、私たちの一日の摂取量は多分八百カロリー位だろうということになった。大人はなにもしなくても一日二千カロリーは必要だというのに」。「妻と子供たちは、もう部屋から外に出ないようになった。一月十日の日記に、妻は室内の温度が氷点下に下がり、子供たちは横になっている、と書いていた」。「この頃になると、私たちの食べ物に対する態度は、やさしい、神秘的な、そして宗教的ともいえるようなものとなり、少しでもそれが手に入ると、熱狂的な喜びを示すようになっていた」。マライーニは、未開人たちが食糧を尊厳視したことが初めて判った、と書いていた。夕食後に翌日分の食糧を特高のもとに取りにいったのだが、食糧を受領して帰ってくる仲間を迎えるときが一日のうちで最高の瞬間だった。「いつもより一合多いときは子供のように飛び上がって喜び、いつもより一合でも少ないときは絶望のどん底に落ちこんだような気分になるのだった」。卵が二つついた（十六人に二つ）といって大喜びし、二八合獲得したといっては大声を出し、二四合しかないといって悲しむのだった。米は二六合から二五合へ、そして二四合へと確実に減らされていった。翌年二月になると、米は「大豆、粗悪な麵類、メリケン粉、パン、それに最悪の場合には煮ると黒いどろどろになって、最低の栄養分しかない薄く切って乾燥した薩摩薯」などの代用食に変わることが多かった。「我々は食糧のことしか考えなくなった。朝から晩まで骨を求める犬同然になった」。ごみ箱をあさり、羊歯《しだ》、カタツムリそれに蛇まで食べるようになった。きのこを食べて、吐き気と下痢を催したこともあった。みんな骨と皮だけに痩せ細った。特高は食糧を握ることによって、完全にイタリア人たちを制圧したのだ。マライーニたちは「砂糖の箱、卵の籠、米の袋、味噌の包み、醬油の瓶が宿舎に到着するのを現認していたが、不思議なことにいつの間にかそれらは姿を消していた」。特高たちはそれらを自分たちとその上官たちに横流ししていたのである。

特高にとってイタリア人たちは、軍事同盟を裏切った裏切り者、背徳者であり、嘘つきであった。「名古屋の全警察は我々の犠牲において商売をしていた。実は内務大臣は我々に気前よく食糧を配給していたのだ。一般の日本人は一日、二合三勺の米と他に時々の都合による少量の食糧が配給されていたが、我々にはこの普通の配給量に加えて、卵、脂肪、肉、豆、パンなどが追加されていた。しかし名古屋の警察はイタリア人は敵であり、裏切り者であったから、生きていけるだけの食糧を与えれば十分であり、残りは自分たちのために使えばよい、と考えていた」。

サルベージ作戦

イタリア人たちは、特高の管理する食糧庫に忍びこんで、少しずつ食糧を盗み出し始めた。これはサルベージ作戦と名付けられた。「行動は子細の点にわたって検討された。私達は盗み出す量は最小限にとどめ、用心に用心を重ね、事前、事後の警察官の行動を不断に観察しなくてはならぬ、という結論に達した。私達は警官が後に逮捕しやすくするために、暫くは気がついていないような素振りを示す可能性がある、と考えた。最適の時間は夕刻、それに風が強い日がよく、新しい交替勤務が始まった直後でニュース放送が行われている時がよい、という結論になった」。ひそかに獲物を入れる小さな袋を作って、決行の時を待った。マライーニは見張りの役を引受けた。「私は棒と大きな空き缶を持ち、もし粕谷か他の警官が現れたら缶を落として音をたてて仲間に知らせ、私自身は机の下に飛び込んで、〝鼠だ！〟と叫んで警官の注意をひきつけ、できれば警官の足をつまづかせる」。実際警官たちは天白の鼠が多いのには困惑しきっていたのだ。このような計画の下に作戦は敢行されたが、しかし実際には盗んだ痕跡を残さないように、米と卵と砂糖の山に踏み込んで、とってきたものといえば僅かに二、三合の米に過ぎなかった。

野菜は野外の壁で囲まれた場所に貯蔵されていたが、ロック・クライミングにたけたマライーニにとって、壁を乗り越えることは容易だった。「この野菜は警察官の食糧だったから、私は仲間の食糧を盗んだわけではない。私は壁を登って倉庫の中に入り、人参の山の上に落下した。それは私にとってダイヤ、ルビー、ウラニウムなど、この世で最高に貴重なものだった。私は子供たちのためにシャツのなかを人参で一杯にして、外に出た。そして星明かりの下で人参を噛った。土臭い匂いを残していたが、しかしなんとも美味な人参を噛りながら、私は神よ、許し給え、とつぶやいていた」。「それ以来、収容生活が終わるまでこのサルベージ作戦は私達の生活と思考のなかで大きな、そして重要な部分を占めることになった。そして多分そのおかげで私達は生き延びることができた。随分危ない橋を何度も渡ったが、幸運にも決して捕まることがなかったのは、マーキュリーか恵比寿様のような可愛い神様が私達を見守ってくれたからだろう」。

ハンガー・ストライキ

「逃走を企てることは、半マイル先からでも西洋人であることを判別できるこの国では、考えられないことだった。我々は生き埋めにされたも同然で、時々は黒い絶望に捉えられてひそかに死への道に身を委ねる気持ちになった」、「二月中は私たちはみんな深刻な危機に陥っていたように思う。私たちはあまりに死の近くにいたので、唯一の選択は屈服と死か、そして生き残るチャンスがあるとみたときは、歯と爪をたてて闘うか、この二つの何れをとるかにあるように思われた」、「粕谷の監視の目を盗むことに慣れた私たちは、所かまわず横になって、呼吸を少なくしようとした。試みに脈拍を計った人は、一分間に五〇かそれ以下になっていることに気がついた。命は確実に衰弱し始めていた」、「誰もが極端なまでに余力を失っていた。反抗か死か、それ以外に選択の余地はない、と思われた」。

「七月に終わる梅雨の季節が過ぎてから、よくわからない事情で、それは多分もっと粗野な新任の警察部長が着任したことによるのであろうが、私たちの生活には新しい時期が到来していた。悲惨と栄養失調が頂点に達したところで、私たちはハンガー・ストライキに入ることに決めた。それは突然の決定だった。誰かが提案をして、たちどころに全員が賛成した」。

一九四四（昭和十九）年七月十八日、この日は偶然にも東条内閣の総辞職の日であったが、マライーニたちはハンガー・ストライキに入った。飢餓のなかから待遇改善を求め、あえて飢餓の道を選んで立ち上がった。自分たちのような悲惨な境遇にある者が存在することを少しでも人々に知らせる機会をつくること、それがハンガー・ストライキの目的だった。

朝、炊事場の煙突からは煙が出なかった。そのことに気がついてとんできた粕谷に対して、イタリア人たちは「あなたの親切な御配慮に感謝します。しかし私たちは今日は食事をとらないことに決めました。私たちは直接に警察部長にお会いして待遇が少しでも改善されるまでは、食事をとりません」と宣言した。「私たちのこの態度が彼らに深刻に受けとめられたことはすぐにわかった。私は粕谷が、よろしい、いまに後悔するぞと云ったとき、その薄い唇を巻くようにして、不吉な微笑を浮かべていたことを、今でも覚えている」。二時間もたたないうちに特高は応援の警察部隊を呼んで、鎮圧に乗り出した。野外に整列させられたイタリア人たちに向かって、特高は日本語の最大限の侮辱語を用いて乱暴な演説をした。何事によらずお前達が要求を出すなどという恥ずべきことは許されない。お前達は絶対になんの権利も持っていないのだ。生きていられるだけでも最大の恩恵だ。イタリア人は嘘つきで、裏切り者だ、と怒鳴った。

小指を切る

この次に起こった事態を、マライーニは妻トパーチァの日記を引用することで叙述している。『これに対して』――以下は妻の日記から引用であるが――『フォスコは台所の包丁を取り上げていきなり左手の小指を切り落とし、それを拾い上げて狼狽する粕谷の目前に突き出した。（註、実際は私は彼にそれを投げつけたのだが）そして〃イタリア人、嘘つきではない〃と叫んだ。一同に驚愕が走った。私は後ろから見ていたので、最初は何がおこったのかわからなかったのだが、すぐに粕谷の顔つきでわかった。子供たちはそれらを見て泣き叫び始めた。私はトニを抱いたまま走り出たが、すぐに気を失ってしまい、Bが二階に運びあげてくれた。彼らも私たちに魂があることを少しは思い知ったろう。警察官たちは衝撃を受けて青くなっていた』。

「私はまた、粕谷の白い制服に血が飛び散った光景を今でもはっきりと心に描くことができる。その光景は微細な点で、重要な魔術的意味を持っていた。私はこの行為によって、粕谷に対して浄化の必要があることを突き付け、起こった事態の全責任を粕谷に帰したのである。自分に対する暴力、自分の血を流すこと、そしてその究極の場合は自分の命を断つことだが、それは目上の者に自分の誠実を示すことであって、そのことに十分な説得力を持たせようとするならば、決闘の場合のように、一定の様式を践むことが必要だ。幸いこのときは万事がうまく運んだのである」。

やがて態勢をたて直した特高は激しい尋問を行った。首謀者は誰か、ハンストの実行は七月七日のサイパン陥落、そしてひき続く東条内閣総辞職と関連があるのではないか、というのが特高の関心事であった。しかしイタリア人たちはそれらのことを全く知らなかった。首謀者はいなかった。それは「生き延びることを要求する飢えた人々の自然発生的な行動だった」。

マライーニは、切り落とされてアルコールの瓶に入れられた小指を机上において、特高と対決した。左手の痛みに耐えながら、マライーニは「諸君はこれをスキヤキにしたらいいだろう」といった。「不幸なことにこの一言が、当時連合国側の新聞が日本人は人肉を食ったといって非難していたことと重なってしまった。私のこの不幸な発言を聞くやいなや、安積(特高)は立ち上がって私の顔面を殴り、謝れ、と怒鳴った。私は大いに面白そうに装って笑っていたが、しかし笑っている私の頰にはやがて血と涙が流れていた。私は冗談だった、と言い続けた。彼は殴ることを止めなかったが私は彼に頭を下げようとは思わなかった。遂に彼は殴り疲れたか、或は私の冗談だったという言葉を受け入れたのか、再び椅子に戻った」。二人のイタリア人が連行されて拘禁され、やがて彼らが戻ってきたときは、正視できないほどに衰弱し切っていた。

このハンストに対する仕返しとして、食糧は一層少なくなった。妻トパーチァの記録によれば、朝は半斤（三百グラム）のパンに一杯の味噌汁、昼は一合（一八〇ＣＣ）にも満たない粉とたまねぎ数片、夕は半合の米と手のひらに乗る程度の野菜だった。禁止づくめの日課は以前と同様な厳しさで復活し、そして新聞、ラジオを問わず、外界との接触は厳しく禁止された。しかし仕返しの時期を過ぎると、食事は少し改善された。子供たちには毎日牛乳が支給され、米は三二合に増えた。「それが戦況の進行の不具合によるのか、あるいは私たちの〝反乱〟の成果であったのかはわからなかったが、私たちの地位が明らかに強化されてきたのは確かだった」。

空襲と地震

一九四四（昭和十九）年十二月になると、空襲が始まった。その度に子供と布団をかついで裏の防空壕に入り、ひたすら爆弾の落ちないことを祈った。そこにもってきて十二月七日の東海大地震である。「大地は液体のように波動して、立っていることはできなかった」。ガラスは割れ、壁土は落ちた。この時の地震と津波で死者九九八名、家屋の全壊二万六千戸に達した。空襲は激しくなるばかりだった。一九四五（昭和二十）年三月から四月にかけての空襲で、名古屋の街は焼失した。「米機はもはや高空を飛ぶ必要はなかった、日本軍の防空陣はすっかり弱化していたに違いないので、米機は三千フィートかそれ以下の高度で楽に侵入してきた。そして何波にもわたる襲撃は必ず焼夷弾の雨を降らせていった。焼夷弾はばちばちという鋭い音をたてて発火し、爆弾の破裂する重い轟音とは全く違っていた。やがて都市は炎上し、炎は天を衝いた。何エーカー、何マイル平方もの家々が、そして何百、何千トンもの材木が巨大なかがり火となって燃え上がり、火災は一晩中続いた。防空壕のなかでちぢこまっている私たちにとっては、夜はしゃくにさわる程に長かった。壕のなかの数分は数世紀にも思える長さで時間を刻んだ。余りに多くの飛行機が飛来するので、この世にはもう飛行機は残されていないと思うと、それからまたもっと多くの飛行機がやってきた。煙のたちこめる空に、より低空で飛来する飛行機は、炎上する街の火炎で下から照されながら次々に近接してくるのだった。最後に恐怖の沈黙があって、やがて亡霊のような陽が昇り、明け方がやってきた。我々にとって最悪の空襲は、最後の機会の空襲だった。このときは三方が郊外住宅地で囲まれている天白も破壊された。最初の機は爆弾を落として南の方を破壊した。つぎの一波はもっと近くを爆撃し、我々の方にやってくるように思われた。私と妻は息を止め、子供たちを布団の下に押し込んだまま、ほとんど窒息しそうだった。しかしこの一波は爆弾を落とさないまま飛び去った。破壊は丘の反対側で行われたようだった」。娘のダーチァは炎上する名古屋の街をみながら、「どうしてパパちゃん、どうして?」と問い続けた。「名古屋は壊滅した。そして空襲はやんだ。家康の遺した著名な城も焼け落ちた」。マライーニたちには知らされていなかったが、すでにアメリカ軍が上陸したときは、すべての敵国人の被収容者は例外なく殺害すべしという命令が発せられていた。

広済寺の境内

四月になってから、マライーニたちは挙母の近くの曹洞宗の古い寺、広済寺に移された。ここ

広済寺の山門。その後ろにマライーニたちの収容されていた本堂(愛知県豊田市東広瀬)1988年(筆者撮影)

では様子は大分好転した。「広済寺は、私の人生で最も幸福な記憶の一つを遺している寺だ。それはここに来て事態が急に変化したというわけではなく、また天白の恐怖から地上の楽園に来た、というわけでもない。我々は依然として空腹と寒気と屈辱という災厄を免れなかったが、しかしここではなによりも事態は動いているように見えたばかりでなく、食糧の補給は容易だった、それにここは特別に美しい場所だったのだ」。由緒のある古い寺とその静かな境内、それを取り巻く美しい山と川、山村の村人たちとの交流、それに敗戦に向かって確実にこの国が動いていることが感得されたこと、それらがなによりの励ましとなった。

特高の上官粕谷は名古屋に転出し、その後にもっと粗野な後任者がやっきたが、この男

広済寺入り口の立札。
1988年４月（筆者撮影）

は仕事熱心ではなく、昼間も居眠りしていたし、夜になると自分自身の楽しみを求めて村に出ていってしまった。監視は緩やかになった。それは特高自身のなかで規律が壊れ始めていたことによる。村の農家を訪ねることもできた。「農民たちは警察の脅かしを恐がってはいたが、しかし我々には友好的で、喜んで取引に応じてくれた」。妻トパーチァは敷布からシャツを仕立てる仕事を請け負って、米、味噌、卵などを手に入れた。長女ダーチァは農家の人達に愛されて、蚕の世話を手伝って一杯の米を貰った。マライーニは夜明け前に山に入り、桑の木を掘り起こして現物賃金を得た。農民たちとの交際が始まったのだ。「日々に我々の身体は回復した。それは、より沢山食べることができたからばかりでなく、我々が孤独から抜け出ることができたからだ。孤独こそは人間に恐ろしく悪い影響を与え、我々はながくそれに悩まされ続けてきたのだ」。

八月のこと

やがて八月がやってきた。戦争の終結が間近いことは容易に感得された。実は日本帝国が崩壊するときに、マライーニたちにどういう命運が待っているかは彼らの最大の関心事で、マライーニをふくむ何人かは、日本人たちは殺害を含む最悪の行動にでるだろう、と予測したが、仲間の一人、もと外交官の老人は、日本人は鳩のようにおとなしくなるだろうという見解だった。この意見の方が的中した。

十五日、天皇はラジオで降伏を告げたが、奇妙なことに「我々の周囲の日本人は誰一人としてそれを理解できなかった。演説は普通の言葉と違って沢山の宮廷用語を用いたので、その意味を理解するには言語学者にでもなることが必要だった」。寺の住職一家は赤飯を炊いてイタリア人達の解放を祝福した。

八月二十六日、連合軍の飛行機が寺の上空を飛び、沢山の日用品を投下した。「樹々には急に熱帯植物の果実がついたように、無数の靴がぶらさがり、干上った小川の岩床にはあらゆる種類の煙草の包みが散らばった」、「樹々の茂みのなかに時ならぬスーパーマーケット一店分の商品がまき散らされたようなものだった」。「子供たちは喜んで跳びまわり、チョコレートを手にして、〝これの黒いものはなあに、食べられるの〟と聞く。彼女たちはチョコレートを見たことがなかったのである」。この天から降ってきた日用品について、村人たちのとった態度は立派なものだった。彼らは欲しいものについて、米などの食糧との交換を申し出た。ひどかったのは警官だった。暫く姿を見せなかった藤田という特高がやってきて、おそるおそる靴とジャケットと煙草をくれないか、といってきた。マライーニは持っていけ、しかし二度と私の前に現れるな、と答えた。S・スピルバーグ監督の映画『太陽の帝国』には、日本の敗戦直後に、中国・上海の郊外にあった英米人の収容所に、米軍機が食料品などをパラシュートにつけて投下する場面が描かれているが、同じ光景が愛知県下の山村の一隅に現出したのである。

八月末に、マライーニたちは愛知県警察の差し向けたトラックに乗って懐かしいこの寺を後にした。

当時、広済寺の所在は愛知県西加茂郡石野村といったが、いまは豊田市の東北端に近い東広瀬町大根坂という。名鉄三河線の終点西中金に近い、水量豊かな矢作川の東側につらなる小高い丘陵の斜面にある。マライーニのいた頃は、この寺の本堂は「大きな不規則な茅葺屋根と、どっしりした木の壁で囲まれた、苔の生えた古い簡素な建物」で、「木々や穀物のように大地から生まれたものに特有の美しさ」を備えていたが、いまは瓦葺ですっかり建て替えられている。それでも十四世紀、後醍醐天皇の時代に創建されたというこの古刹の山門はいまも静かなたたずまいを見せている。一九八八年四月、私をこの寺につれていってくれたタクシーの初老の運転手は、小学校の時に遠足に広済寺にきて、そこで初めて「異人さん」たちを見たときの驚きを語ってくれた。なお広済寺の西隣、東広瀬町にあるもう一つの寺、広沢寺に二十人のオランダ人が収容されていたことも記録されておくべきであろう。

故国に帰る

マライーニは米軍の飛行機が広済寺の裏山に落としてくれた軍服、靴、靴下、シャツなどを身につけて、家族とともに上京した。急に帰国できる情勢でもなかったので、進駐軍に日本語の通訳として勤務し、進駐軍に求職する日本人労務者の通訳として働いた。翌年の一月、マライーニの勤務する東京・丸ノ内の赤煉瓦の事務所に、釈放されていた宮沢弘幸が訪ねてきた。二人は相擁して、落涙した。そのときのことはすでに記述した。

マライーニは一九四六年三月、イタリアに帰国した。彼が天白で飢餓に苦しんでいた頃、フィレンツェではその母が亡くなっていた。それは彼が切り落とした指の治療のために、医者に連れていかれた帰りのことだったが、なぜか突然母の呼ぶ声が聞こえた気がして思わず落涙したことがある。そのとき遠く離れたイタリアで母が死んだことを、マライーニはのちに知った。

帰国後のマライーニは、再度チベットの探検に加わり（四八年）、カラコルムの高峯に登山して（五八年）、同じく登頂した京都大学登山隊の桑原武夫隊長らとバルトロ氷河で交歓した（朝日新聞、八八年四月十五日夕刊）。オックスフォードで人類学の研究に従事し（五九年～六四年）、その間、五三年～五四年、六六年～六八年、七〇年（万国博イタリア館次長）に日本に滞在して日本研究にあたり、通算して十数年の在日歴を重ねた。七二年フィレンツェ大学教育学部に日本語・日本文学科を創設する仕事に加わってその教授となりいまは名誉教授である。七二年にはイタリア日本研究協会を組織し八三年にはその初代会長となった。八二年、日本政府から勲三等旭日中綬賞、八六年、国際文化交流基金から国際文化交流基金賞を受賞し、八八年には京都の国際日本文化研究センターの客員教授として来日した。この間、アイヌ研究、チベット研究、日本研究、登山その他について多数の著書、論文を発表した。また写真家としても高名である。

マライーニは、彫刻家であった父アントニオが一九二六年に買入れた旧メジチ家のもと農園のなかの、管理人の家を改造したという家に住んでいる。広大な庭園をのぞむ書庫には蔵書一万冊を越え、その七割以上は日本関係の書籍という。そして天白寮の二階の窓から炎上する「名古屋の赤い空」を見て、「どうしてパパちゃん、どうして？」と問い続けた長女ダーチァは作家、劇作家として、札幌生まれの縁でユキと名づけられた次女は歌手、音楽教師として、そして三女トニは民芸研究者として活躍している。

「勇者として」

軍機保護法の刃に倒れ、歴史の闇のなかに葬り去られていた「ある北大生の受難」を戦後はやく世に伝えたのは、マライーニであった。彼の一九五七年の著作『オレ　ジャポネジ』（イタリア語）の英語訳『ミーティング　ウィズ　ジャパン』だけでも十万部に達したといわれ、そのほか六カ国語に翻訳されてひろく世界に読者を得ていた。

そして八六年十月、国際交流基金賞受賞のために来日したマライーニは、アメリカからやってきた宮沢弘幸の妹、秋間美江子に会って弘幸の無実を語り（朝日新聞十月十二日付、二十一日付）、八七年七月九日、札幌弁護士会主催の国家秘密法に反対する市民集会「宮沢事件の真実」には、情理を兼ね備えた長文のメッセージ「宮沢弘幸の思い出」を寄せた。（同会編、昭和六十二年十月刊、同集会の『記録集』）この文章は集会の席上で朗読され、聴衆に深い感銘を与えた。彼は札幌で過ごした日々を次のように回想していた。

「私は、宮沢弘幸の事件が日本で再び社会の関心を呼んでいることを知り、大変嬉しく思います。私が札幌で弘幸と初めて会ったのは、一九三九年でした。当時彼は北大予科の学生で、私は児玉作左衛門教授のもとで研究中の若い学徒で、アイヌに関する論文を準備していました。弘幸も私も登山が非常に好きでした。やがて私たちは心からの友人になりました。私たちはよく冬山に登りました。十勝岳、芦別岳その他数多くの雪を頂いた北海道の山々です。一九四〇年、私たちは雪でイグルーを作り、冬の登山用具を少なくする実験をしました。最初のイグルーは、札幌近郊の手稲山で作りました。実験は大成功でした。手稲山は、いまではロープ・ウェイで簡単に登れますが、当時は寂しい未開の山で、軽川という鉄道の駅から登るのに三時間もかかりました。

弘幸は単に山登りの良きパートナーであるだけでなく、大変聡明で博学な青年でした。その彼と、彼が関心を持っていた歴史、哲学、宗教といった諸々の事柄について語り合うことは、私の楽しみでした。彼は西洋文明の重要性を十分に認識する傍ら、また常に和魂洋才の精神の持ち主でした。

弘幸は新しい言語を学ぶことで、その知識を広げようとしていました。英語はとても堪能でした。新たにドイツ語をヘルマン・ヘッカー教授から、フランス語をマチルド・太黒夫人から、イタリア語を私から習い始めていました。私は、彼がさらにギリシア語とラテン語の文法の本を読んでいたのを知っています。弘幸はレーン夫妻について英語の勉強を続けておりました。ハロルド・レーンとポーリン・レーンはともに北大予科の教官で、日本で長く生活しており、日本人の誠実な友人とでもいうべき人でした。

一九四一年に私は北海道を去り、京都に移りました。そこで十二月八日、真珠湾攻撃の日を迎えました。後に私はレーン夫妻が敵国人として数々の酷い仕打ちを受けた挙げ句、カメリカへの最期の船で送還されたことを知りました。また私はすぐに弘幸がスパイの容疑で警察に逮捕されたことを知りました。私は怒りが沸きあがるのを覚えました。私は弘幸の逮捕が卑劣なフレーム・アップであると確信していたからです。弘幸は確かに西洋文明に大きな関心を寄せ、外国人からあらゆることを学ぼうとして頻繁に外国人と接触していましたが、しかしその心中は熱烈な愛国主義者であったのです。私のみるところでは、彼の愛国主義は性急なものであったことも再三だったと思います。私たちは、しばしば中国に対する日本の干渉の正当性をめぐって激しく議論したことがあります。私は、しばしば弘幸を吉田松陰のように思っていました。というのは、二人とも熱烈な愛国者であり、同時に二人とも西洋からできるだけ多くのことを学ぼうとしていたからです。そして、いま付け加えれば、二人とも日本の官憲の近視眼的な愚行によって、命まで奪われてしまったからです。

弘幸は決してスパイではなかったのです。私は、弘幸のレーン夫妻に対する友情は純粋なものだったと確信しています。私は彼の優れて独立心の強い性格が、自分の立場を危うくしたのでは

マライーニ夫妻(前列中央)と宮沢一家。とく(前列左端)雄也(右から二人目)美江子(後列左端)弘幸(3人目)晃(右端)東京・雅叙園にて1940年夏(秋間美江子提供)

ないか、と思います。おそらく彼は、官憲と向かい合っている際に求められる控え目で従順な態度を拒否し、尋問に対しては真正面から面をあげて答えたに違いありません」。

このあとマライーニは弘幸の母が京都に訪ねてきたこと、マライーニ自身が抑留されたこと、弘幸が戦後に米軍に勤務していたマライーニを訪ねてきたことを叙述して、さらに次のよう書いていた。「この時期、弘幸と私はしばしば会いました。しかし、私は、私の友人が長く辛かった体験を語ろうとしないことに気がつきました。おそらく彼はそれを忘れようとしていたのです。

一九四六年三月、私は家族とともに日本を去り、イタリアに帰国しました。それから間もなく、私は弘幸が死んだことを聞きました。日本人にとって、弘幸の悲しい運命を忘れ

トパーチァ・マライーニ夫人(左)宮沢弘幸(右)
札幌西五丁目通り1939年冬(マライーニ提供)

レーン家と宮沢弘幸。後方
中央がハロルド・レーン。
札幌西五丁目通り1940年夏
(マライーニ提供)

札幌手稲山頂に作ったイグ
ルー(雪小屋)。二組のスキー
はマライーニと宮沢のもの。
左手に鋸とスコップ。1940
年1月(マライーニ提供)

マライーニと娘ダーチァ。
札幌北大農場にて、1940年
秋か(マライーニ提供)

北海道日高平取村、二風谷の黒田彦三宅前で、宮沢弘幸(左より2人目)黒田しづとマライーニ。1940年7月(マライーニ提供)

マライーニ。日高地方の自転車旅行1940年7月(マライーニ提供)

宮沢弘幸。日高地方の自転車旅行1940年7月(マライーニ提供)

北海道十勝岳山頂に作ったイグルー(雪小屋)と宮沢弘幸。1940年3月(マライーニ提供)

左より宮沢弘幸、ダーチァ、マライーニ。京都、保津峡1941年夏(秋間美江子提供)

ないことは、とても大切なことだと思います。彼が全く無罪であることは一点の疑いもありません。彼は裏切者ではなく、勇者として記憶されるべきなのです。吉田松陰のように」。

私は、ほゞ五十年前の北大時代の友情と信義に基づいて、友の無実を証言するイタリアの老碩学の言葉に、戦火と国境と生死を越え、半世紀の風雪に耐えて固く結ばれ続けてきた人間の絆の豊饒と強靱とを見る思いがする。

II　獄中のポーリン・レーン

札幌・大通拘置所で

一九四一（昭和十六）年十二月八日、太平洋戦争開戦の日の朝、宮沢弘幸とともに軍機保護法違反の疑いで検挙されたハロルド・メシー・レーンとその妻、ポーリン・ローランド・システァ・レーン（ともに北大予科英語教師）が、その後どこでその苦難の日々を過ごしたかは、必ずしも明らかではない。日本の刑務当局がそのことについての問い合わせに回答してくれないことは、拙著『ある北大生の受難』に記述したとおりである。最初は多分札幌警察署の留置場に入れられ、ついで大通拘置所に移された。夫妻が起訴されたのは、一九四二（昭和十七）年四月九日で、一審を経て上告審の判決があったのが、ポーリンについて一九四三（昭和十八）年五月五日、ハロルドについて六月十一日であるから、少なくともこの間は大通拘置所にいたものと考えられる。大審院の判決で刑が確定したあと、一九四三（昭和十八）年九月に横浜から交換船に乗船して帰国するまでの三、四カ月の間、どこで受刑したかについてはもうひとつはっきりしない点がある。刑の確定後、大通拘置所から苗穂の札幌刑務所に移されたことは、ほぼ間違いない。その後、暫くの間、網走刑務所などに移監されたかどうかがはっきりしない。

これはひとつには、レーン夫妻が自ら苦難の経験を語ることのもっとも少ない人たちであったことにもよる。尋ねられても、「悪夢でした。みんな忘れてしまいました」と答えるのが常であった。そこで夫妻の獄中での消息を伝える情報は稀少であったが、北大の山本玉樹の努力で、大通拘置所でしばらく生活をともにした内田ヒデ牧師からポーリン夫人の獄中生活の消息が伝えられることになった。内田は戦時下の小樽市で「祈りの家」の伝導の仕事に携わっていたが、一九四二（昭和十七）年六月二十六日、ホーリネス教会系の聖職者に対する一斉検挙の弾圧を受けて小樽警察署に留置された。翌年二月まで小樽警察署に留め置かれたが、当時の紀元節の前日、二月十日に札幌の大通拘置所に移されて、その女区に拘禁された。内田は、ここでポーリンと出会ったのだ。内田は「バビロン女囚の記」という手記を書いている（『ホーリネス・バンドの軌跡 リバイバルとキリスト教弾圧』一九八三年九月刊）。それに山本が一九八七（昭和六十二）年十一月十三日に内田を訪ねて聞き取りをした。以下の記述はそれらにより、引用は前掲書からのものである。

天使とのめぐり会い

女区には十人ほどの女性が拘禁されていた。みんな独居だった。内田はここに入れられたその日に、「雑役中のひとりの婦人をチラッと見かけました。赤い栗色の毛で外人と分かりました。これがポーリンだった。ポーリンは一番、内田は三番と呼ばれたが、女看守はまず三番に一番と話してはいけない、と命じた。しかし看守の影が見えなくなった時に、一番は三番の監房の扉に立って、小声で語りかけた。「あなた！クリスチャン？」、「ハイ、そうです」と答えると、あとは「教職ですか、信者ですか」、「どこの教会ですか」とたたみかけてきた。その信仰の故に治安維持法違反に問われて拘禁されてきた三番にとって、同信の友にめぐりあえたことは無上の喜びであった。「神様が私のために遣わした天の使いにめぐり逢えた喜びで胸が一杯でした」、「レーン夫人にとっても、私のそれに優る感激であったことでしょう」。

一番は「しっかりしてね」、「祈っていますよ」といって三番を激励した。「或る朝、調べ室へ呼び出されていく時、廊下で雑役のレーン夫人と視線があっただけで行き違いました。何歩か歩いて、何気なくうしろを振り返ると、廊下の片側に身を寄せひざまづいて祈ってくれているのに、ハッと胸をつかれたことがあります」。調べがおわって房に戻ると、「どうか御自分の信仰を捨てるようなことをしないで下さいよ」といって声をかけ、ストーブで汁を温め、差し入れの卵を一つ入れてくれるのだった。雑役の一番には割り増しの食糧がついたが、一番はその一部を三番の配食の窓口にそっと入れてくれた。一番は現金を天使病院に預けて、差し入れを受けていたが、時にはバターなども三番に分けてくれた。その差し入れ物を持ってくる看守には、いつも「ハロルドのところにも入っていますか」と聞き、看守は「心配ご無用」と答えるのだった。このバターの差し入れは、ポーリンの父、G・M・ローランドが親しくしていた故宇都宮仙太郎の息子、勤の牧場からのものだった。一番と三番の会話が目立つようになると、看守は三番にもう一つスパイ容疑がつくと困る、といって注意したこともあった。三番も起訴されてからは一番とともに雑役に服するようになった。二人は聖書の詩篇について語りあい、「こんな楽しい交わりはどこにもないね」などと言いながら「三度の食事、廊下や便所の掃除はもちろん、青や赤の着衣のつくろいや縫い直し、百組近い布団の改造や新調」などに精勤した。一九四三（昭和十八）年も温かくなると、「思想犯は自然に親しむのがよい」という所長のはからいで、畑作業を行うようになった。「野菜では西瓜、味瓜、トマト、とうもろこし、とうがらし、花では撫子、コスモスなどの種子をまいたり苗を移植したりしました。陽の光を体中に浴び、澄んだ空気を胸を拡げて吸い、むせるような土の香りをかぎながら、二人協力しての作業が続くのでした」。しかしそれらの日々も長くは続かなかった。やがてポーリンの刑が確定して、ひとり苗穂の札幌刑務所に移っていった。内田はポーリンを乗せた自動車が木蔭に隠れて見えなくなるまで、見送った。慌ただしい別れだった。

老祖父と孫娘たち

ポーリン・レーン夫人はすでに帰国していた四人の娘たちのほかに、当時まだ十二歳だった下の双児の娘たちと、ハロルドの老父ヘンリーを残したままで検挙されたのだった。癌の病状が進んでいた老祖父ヘンリーとその二人の孫娘たちは、天使病院に引きとられていたが、ヘンリーは夫妻の検挙の翌年一月になくなった。その葬式は北光教会で行われ、夫妻も看守つきでその出席が許された。誰とも口を交わすことは厳しく禁止されていた。ポーリンは、供えられた花一輪を抜いて、拘置所に持ち帰った。看守は見て見ぬふりをしていた。遺骨は拘置所内の講堂にあった仏壇に納められていた。「夫人は自分たちの事件で、義理ある夫君の年老いた父の死期を早めたことと、遺骨を拘置所の仏壇に納めておかなければならなくなったことを話し、申しわけがないと嘆いておりました」。下の娘二人、キャサリンとドロシーは一九四二(昭和十七)年六月に交換船で帰国したが、札幌を発つ前に面会が許された。しかしポーリンは、万感胸に迫って娘たちに十分の話ができなかったことをいつまでも悔いていた。夫と死別して小学生の男の子をひとり家に残してきた内田にとって、それは身につまされる話でもあった。

ポーリンが大通拘置所を去ったあと、看守たちは内田に、「あの方はとても立派な人でした。ただスパイということで警戒しただけで、人間としてなら、私らは及びもつきません」と語っていた。ポーリンの監房の畳の下の床板は、毎日拭き清められて木目が光っていた。ポーリンは、畳を上げてその下を拭きながら、その姿勢で毎朝の祈りを捧げていた。周囲に目立たないように、しかし心をこめてポーリンの祈りは続けられていた。

キリスト教への弾圧

内田は、一九四三（昭和十八）年十月八日、札幌地方裁判所で懲役二年、執行猶予四年の有罪判決を受けた。その信仰が「国体を否定すべき内容の教理」を持ち、そのような教理の宣布を目的とする結社を指導した、という理由であった。

一九四〇年の宗教団体法の施行、一九四一年の治安維持法改悪とともにキリスト教に対する弾圧は一層強化されることになった。特に治安維持法改悪が「国体を否定し又は神宮若しくは皇室の尊厳を冒瀆すべき事項を流布すること」という新しい処罰規定をもりこんだことが、キリスト再臨説を陥れる口実とされた。一九四二年六月二十六日、ホーリネス系の聖職者が一斉に検挙され、引き続く第二次検挙を含めて一三四名が検挙され、うち七五名が起訴、処罰された。北海道から沖縄まで、さらに樺太、満洲、台湾、中国大陸各地にも及び、四名が獄死した。その理由は、神は「キリストを地上に再臨せしめて、……千年王国なる地上神の国を建設し、次いで新天新地と称する理想社会を顕現すべきものなりとし、天皇統治が右千年王国の建設に際りて廃止せらるべきものなりとなす、国体を否定すべき内容の教理の宣布を目的とする基督教新教の一派たる結社を組織し」た、というものであった。（『特高月報』昭和十八年四月分、一宮政吉に対する同年四月七日付け起訴状）

内田は取り調べの過程で他の聖職者の調書を見せられたが、「どの先生のも問題点は、反戦思想云々ではなく、皇統連綿万世一系の天皇による統治と再臨のキリストの支配とが抵触しないだろうかという一点にしぼられていました。一宮先生の論点が一番はっきりしていて、天皇統治はキリスト再臨の時まで許容されているのです、という主張でした」と述べているのは、この点にかかわる。内田に対する訴追と有罪の理由も同様であった。このようにして、ホーリネス系の教派は、一九四三年四月に結社禁止処分と設立許可の取り消しを受けた。

戦後のこと

戦後アメリカにいるポーリン・レーンと内田との文通がはじまった。ポーリンは、いくつかの小包を内田に送った。それには、毛のコートや日用品が入っていた。一九五一年、レーン夫妻は北大の招きで来日した。内田は、札幌駅に迎えて再会を喜んだ。

やがて内田の息子は北大生となり、レーン夫妻は学生服をお祝いに贈った。常田二郎牧師はレーン家について書いている。「この家の特徴の一つは質素、倹約であった。ポーリンはいつも同じドレスを着ていた。しかし人の為には惜しまない。どれだけ多くの若者が援助を受けて学び、恩顧を蒙って世に出て行ったか知れない」（『基督教世界』一九八七年十月十日）。内田母子はしばしばレーン家の客となった。それはレーン夫妻が札幌でなくなり、円山墓地に葬られるまで、かわることはなかった。ハロルドは一九六三（昭和三十八）年に、ポーリンは一九六六（昭和四十一）年になくなった。

一九〇七（明治四十）年一月十三日生まれの内田ヒデは、いま八十一歳の身を札幌市西区手稲

手稲山の北麓にある神愛園。1988年４月(筆者撮影)

金山の特別養護老人ホーム神愛園に寄せ、ここで牧師をつとめて三年の歳月がたった。そして、その激しかった半世紀をこえるキリスト者としての歩みを顧みながら、あらためてポーリン・レーンへの感謝を語っている。

内田がその手記を寄せた前掲書の「編集を終わって」と題する末尾の文章は、「この出版をもって、治安維持法に対する葬送としたい」（山崎鷲夫）と結んでいたが、内田の気持ちも同様である。治安維持法と軍機保護法が猛威を振るった戦時下日本の再現を許してはならない、という内田の思いは深い。

一九八八（昭和六十三）年四月二十八日、神愛園を訪ねた私に対して、ベッドにやすむ内田は「国家秘密法はほんとにまたできるのでしょうか。警察が電話の盗聴をして処罰されないなんて、恐ろしい世の中になりました」と語った。

神愛園は、国道五号線から手稲山の北麓の斜面を登り、星置川の急流のほとりの谷合にある。施設長熊谷信吾は、「内田さんはいまでも日曜の礼拝には車椅子に乗って出られ、立派に説教をなさっています」と語った。

メッセージ

内田はいま、山本玉樹からアメリカにいるレーン夫妻の娘たちへのメッセージを求められたが、そのなかで内田は、戦時下の日本がレーン夫妻に加えた仕打ちへの宥恕を乞いながら、次のように述べていた。

「レーン先生のお嬢様がた、私は内田でございます。あなたがたのお母様とお友達になったのは、あの戦時中、札幌の大通拘置所の獄舎の中でしたけれど、本当にながいことあそこにいる間、親しく楽しい交わりをさせて頂きました。そしてお母様はいつもあなた方のことを思って、祈っていらっしゃいました。突然お母様を奪い去られたあなた方の悲しみ、嘆き、心の痛みはどんなであったろうと、今も推察させて頂き、本当に知らない異国の地で両親を奪われ、ことに病気中のおじいさんまで召されて、どんなに悲しい思いをなさったことでございましょう。日本の国が犯した罪、お許し下さい。本当にもう過ぎたことではあり、ことにお母様は、そういうご自分の苦しかったことなんかは、少しもお語りにならなかったと思いますが、あの太っていたお体が、細い体で、お腹だけがふくれていたことを思うと、たしかにあれは栄養失調でないかなぁといまになって思うことですが、本当に食生活もいままでの生活と全く違ったところで、お母様がどれだけご苦労なさったことか判りませんが、それでもそこで、同信の友と会えたということが、私にとっても、天の使いに会ったように思いましたし、お母様にとっても、それがどれだけ大きな慰めであったかということを、ご本人から幾度かきかされましたが、お互いに主にあるものとして祈り合い、励まし合ってきました。そしてお母様があの中にいても、あなた方のことを本当に心にかけて日夜祈っていらっしゃる、ことに毎朝独房の掃除をするのですが、その掃除の時にも、畳をはぐって、床をこすっていらっしゃいました。それは改まってお祈りしているっていうことを他人に見られないために、床をこすりながら祈っていらっしゃいました。『私ね、こうやって床を磨きながらお祈りしてるのよ』とおっしゃいました」。

「あの、本当にあなた方もどんなにか苦しい、つらい思いをなさったことでしょうけれど、お母様が『悪夢だ、みんな忘れてしまった』とおっしゃったように、あなた方も日本があなた方になさったことを忘れて下さい、忘れなくてもよいですけれど、どうか本当に許して下さい。申しわけないことをしたと思います。そしていま、この日本が再びそういう過ちを犯そうとする兆しが、あちこちに見られることですけれども、なんとかしてこれをくいとめ、再び過ちを犯さないないようにと願っております。あなた方も、いらっしゃるところにおいて、お父さん、お母さんの骨のある、札幌の円山に埋骨されていらっしゃいますが、お父さん、お母さんが骨を埋められたこの日本を、どうか許し、愛して、どうかもう一度この国が過ちを犯すことがないように、お祈り下さることを心からお願いいたします」（一九八七年十一月十三日、札幌市、神愛園にて）。

私はここにもまた治安維持法と軍機保護法の犠牲者を結ぶ、年輪を重ねた人間の絆を見るのである。山本からこのメッセージの録音カセットを託された私は、アメリカにいるレーン夫妻の四女、バージニア・マイナー夫人に送った。

III　壊された青春

医師希望の少女

一九四〇年三月に北海道庁立札幌高等女学校を卒業した高橋あや子（一九二四年三月十五日生まれ）は、医学の勉強を志す夢多い少女だった。東京の女子医専に入学して病理学を学ぶこと、それが彼女の希望だった。しかし母マサは反対で、女子が専門学校に進むなら家政科以外は許さない、といって譲らない。父勝亮はながく北海道警察に勤務していたが、一九三四（昭和九）年十一月二十四日、小樽水上警察署長在勤中に病死していた。あや子を頭に、長男勝彦（一九二六年生まれ）、次女照子（一九二九年生まれ）それに次男、三男の幼児を抱え、亡父の遺した扶助料と少しばかりの遺産と、貸し本屋を開いて家計をたてていた母にとって、娘たちには良妻賢母の道を歩んでもらいたいという希望のほかに、東京の医専に娘を出すことを許さない家計上の理由があったのだ。あや子は母に強く反発していた。母もまた父なきあとの子らの養育に心を砕いて、時には娘に強くあたった。いま、あや子はこの少女の日々の母への抗いを思い起こして、心を痛めることがある。

亡父勝亮は神学校出のキリスト者で若い頃は牧師希望であったが、家族もその影響でみなキリスト者であった。

宮沢弘幸の登場

宮沢弘幸は一九三七（昭和十二）年四月、北大予科に入学した。そのとき、弘幸の母とくは弘幸とともに南一条、東六丁目の高橋家を訪れて、挨拶を交わした。宮沢家と高橋家とは遠い縁籍にあたっていた。高橋家も宮沢家と同様に、もとは宮城県黒川郡の出身で、高橋勝亮の妹つとせが弘幸の父雄也の弟、高橋知之と結婚していたことがある。そんな関係があって弘幸の母とくは以前から高橋家を知っており、長男弘幸が札幌に遊学することになったのを機会に高橋家を訪問し、弘幸を高橋家に紹介した。いつの日か弘幸が高橋家の世話になることもあろう、という親心であったろう。

弘幸は当初、北四条東二丁目の歯科医小沢保之助方に下宿し、一九三九（昭和十四）年六月から翌年九月まで円山の電車の終点に近い小川孝彦方に、先輩大条正義とともに下宿し、さらに一九四〇（昭和十五）年九月から翌年四月まで北十一条、西三丁目のフォスコ・マライーニ方に同居し、一九四一（昭和十六）年四月からは円山公園の近く、北二条、西二四丁目あたりの茅野アパートに一人で下宿した。その間、一九四〇（昭和十五）年四月に工学部電気工学科に進学した。

宮沢弘幸は、小川方に大条とともに下宿していた頃と、マライーニ方に同居していた頃もしばしば、その頃は北一条、西二二丁目に転居していた高橋家を訪問して、親しく交際していたが、特に足しげく高橋家に出入りするようになったのは、一人で茅野アパートに下宿してからのことで、高橋家とは歩いて五分くらいの距離だった。

弘幸のアイヌ民族に対する強い関心については、むしろ高橋マサが好意と興味を示した。亡夫勝亮もまたアイヌ民族への愛着を持ち、家にはアイヌの民具のなにがしかが残されていた。マサはこれを弘幸に贈り、弘幸は北大に寄贈した。

宮沢は母に隠れて受験勉強に励む高橋あや子をみてやった。あや子は女学校の卒業時には女子医専受験の機会を逸したが、その頃は軍医不足を補うために全国的に医学教育の拡充が行われ、既に一九三九年には北大医学部に臨時医学専門部が設けられ、また庁立札幌女子医専の開校準備が伝えられて、地元の医学校なら入学にも便宜があると思って勉強していた。弘幸は数学や英語について模擬試験の問題を作成して、あや子に答案を書かせて添削してやった。

あや子、照子の姉妹は、弘幸と次第に親しくなっていった。弘幸も姉妹に妹たちのようにやさしく接していた。弘幸がマライーニ方に同居していた頃のこと、姉妹は母マサとともに弘幸の様子を見にマライーニ方を訪ねたことがある。トパーチァ夫人に応接間に招じ入れられてピザを御馳走になった。そのとき弘幸が高橋家の人たちをトパーチァ夫人に英語で紹介したことが、英語を習いはじめていた照子に強い印象を残した。この頃は弘幸の学生生活にとって一番充実していた頃と思われ、時間を惜しんで勉強に打ち込んでいた。大条正義は小川方に一緒に下宿していた頃のこととして、「いつも大学や道庁の図書館から借りてきた本を机に山積みにして、徹夜で読書したり、論文を書いていた」と書いている。（「宮沢弘幸君との悲しいふれあい」（上）東京エルム新聞三二三号）

弘幸はエスペラント語を学び、この人工語の文法のもつ合理性に強く惹かれていたようで、姉妹にもこの言葉を習うことを熱心に勧めた。エスペラントのペン・フレンドができたといっては、喜んでいた。弘幸は絵をみることが好きで、何冊かの画集を照子に買い与えた。照子は、弘幸が自分を一人前に扱ってくれるのが、なによりも嬉しかった。時々、弘幸は高橋家の二階の座敷で、ひとり膝を組んで、むつかしい顔をしながら考えごとをしていた。しばらくすると、もとの快活さを取り戻して、階下に降りてきた。おもてむきはものに動じない風情をしていたが、反面はやさしい、こまやかな気持ちの持ち主と思われた。マサも弘幸がしばらく顔を出さないと、娘たちに夕食の副食を持たせて様子を見にいかせた。

遠友夜学校のこと

ある日の夕方、あや子が夕食の準備をしていると、弘幸が顔を出した。夕食を食べていかないか、と誘うと、いまから夜学校にいって教えなくてはならない、働きながら勉強している生徒たちで、みんな生き生きした顔つきで勉強している、あや子ちゃんなんか女学校に出してもらっただけでも感謝しなくちゃ、三人交替で教えているから毎晩ではないが、生徒たちが熱心だから教える方も手が抜けない、などと語りながら夕暮れの街に消えていった。あや子は、女学校に出してもらっただけでも、という弘幸の言葉に、女子医専にいかせてもらえなくても、母をうらむ理由はないという弘幸の気持ちを感じとっていた。この弘幸の夜学校行きについては、照子にも似た経験がある。照子には、その学校は狸小路を通って、ずっと向こうにあると云っていた。この当時、勤労青少年のための夜学校で北大生が教師をしていたのは、遠友夜学校しかないだろう。弘幸は一九四〇（昭和十五）年頃、おそらく短い期間であったろうが、この学校の教師をしていたものと推定される。

左から秋間夫妻と筆者夫妻。札幌の遠友夜学校跡、新渡戸稲造記念碑前で1987年７月（山本玉樹提供）

　のちに弘幸の妹、秋間美江子は弘幸の遺品を整理した時に一通の手紙があって、その文面は、石炭が欠乏して暫く休校していたが、何某の計らいで石炭が手に入り、再開することになったから出講して貰いたい、という趣旨の候文であった記憶がある。美江子はその学校の名前を記憶していないが、遠友夜学校だったに違いない。

　この夜学校は、新渡戸稲造がその教育の理想に基づいて、一八九四（明治二十七）年に開設した貧しい勤労青少年のための夜学校だった。南四条、東四丁目の豊平川左岸の貧民街に土地と民家を買い求めて、授業料を無料とする男女共学の学校を開き、北大生が教師として奉仕した。松沢弘陽「札幌農学校と明治社会主義」（『北大百年史・通説』）は、「彼（新渡戸のこと、私註）の学外における社会的事業の最大のものは、何といっても一八九四（明治二十七）年に創設した遠友夜学校であろう。それは規模こそ小さかったが、日本の都市化が生み出した『下層社会』への、教育面からの援助として先駆的なものであり、大学セツルメントとしても、一九二三年創設の東京帝国大学セツルメントよりも三十年近く先んじていた」と書いている。この学校は論語の「有朋自遠方来　不亦楽乎」からとって、遠友夜学校と呼ばれ、新渡戸、宮部金吾、大島金太郎、有島武郎、半沢洵をはじめとする多数の北大教授、学生らの奉仕によって一千人を超える卒業生を送り出し、政府の命令で一九四四（昭和十九）三月に廃校になるまで五十年にわたって維持された。学校に通った経験のある青少年は数千名を超えた、といわれる。男子生徒たちは倫古龍（リンコルン）会と呼ばれる学友会をつくっていたが、これは新渡戸がその講話のなかで、しばしばリンカーンのことを語ったことによる。ここでながく奉仕した高倉新一郎名誉教授によれば、「単に北海道帝国大学の職員生徒が、勉学の余暇を割いて市民教育に参加したというだけではなく、教師自らも人生を学び、考え、知る機会を得たのである」（「新渡戸稲造と札幌―その接点としての札幌遠友夜学校」、『遠友夜学校』）。松沢の前掲論稿によれば、学生たちを「地域社会の具体的な問題に結びつける場として、大きな意味」をもったばかりでなく、この学校への奉仕は「一九四四年（昭和十九）年の廃校まで、札幌農学校―北海道帝国大学の心ある学生の伝統となっていた。理想主義的な、しかし反面観念的な学生たちが、貧しい生徒たちとの交わりを通して都市の『下層社会』問題に、さらに日本社会全体の問題に目を開かれていく様子は、例えばこのような学生の一人だった有島武郎の日記がくわしく語っている」。宮沢弘幸もまたここで貧困のために学校教育を受けられない勤労青少年男女の熱心な勉学への要求に触れて、多くのことを学んだに違いない。弘幸が陸軍戦車学校での訓練に参加した時に、その付属工場で働く勤労者について「此処の年若い職工達が汗をたらして働くことと豚のように寝ることとで毎日を過ごしてゆくのを見るにつけ、日本の社会福祉施設について相当考えざるを得なかった」（北海道帝大新聞、昭和十六年六月十日）と書いたのも、遠友夜学校での見聞がその背景にあったものと思われる。余裕のある家庭に育った弘幸だったが、しかし勤労者の境遇を理解する目をも培おうとしていた。いまこの学校の跡には、札幌市中央勤労青少年ホームが建てられ、そこには新渡戸の顕彰碑と記念室があり、"With malice toward none, With charity for all"（「何者にも悪意を持たず、すべての人に愛を」）と書かれた新渡戸の額が掲げられている。リンカーンの第二回の大統領就任式での言葉である。「リンカーンに学べ、は永く夜学校精神の一貫した脊椎となり、倫古龍会の活動にみるように、閉校時まで継承されたのである」（須田政美「遠友夜学校の歩み」、『遠友夜学校』）。

婚約へ

ところで話をもとに戻すと、一九四一（昭和十六）年春頃から、宮沢弘幸と高橋あや子とは急速に親しくなっていった。あや子はこの頃、叔父佐藤真幸医師の説得で医専の受験をほぼ諦める気持ちになっていた。弘幸の勧めもあって、あや子は先輩とともにドイツ語を学んでいたが、ある日街なかでこの先輩と一緒にいるときに、弘幸と会った。三人は喫茶店に入って話をしたが、別れるときに弘幸はこの先輩に丁寧に挨拶して、あや子について「この人は私の大切な人だから、よろしく指導してやって下さい」と云った。これを聞いて、あや子は弘幸の強い愛情を感じた。

次第に二人の間では結婚のことが話題になるようになる。この年六月、弘幸は海軍の委託学生の試験に合格して、海軍から一月四十五円の手当てをもらうようになった。この頃弘幸は大学卒業後は海軍の技術将校になる道を選んだものと思われる。このことをあや子に語った弘幸は、海軍に入ると暫くは学校に入って訓練を受けることになるから、その間は東京に出てきて宮沢の家にいて欲しい、訓練が終わって任務についたしたら結婚式をあげよう、などと語っている。二人の間で婚約は成立したのか、それはいつだったのかは、確定の限りではない。のちにみる宮沢の身辺への危険の近接とともに、二人の婚意は次第に固まっていったのであろう。

秋には、弘幸は今度の冬休みには東京に帰って両親によく話をして、具体的な段取りを決めよう、と語っていた。

十一月始めに、宮沢弘幸の母とくが札幌に来て、弘幸とともに高橋家を訪ねた。このとき、とくはあや子に赤いしぼりの帯上げを贈った。高橋照子はこれを見て、姉、あや子は弘幸の嫁になるんだ、ということを納得した。とくが辞去しようとしたときに、短い間、とくとあや子だけが座敷に残る機会があった。とくはこの時あや子に対して、「弘幸が暫く海軍の学校に入って留守になる間は、東京に出てきてうちにいらっしゃいよ、その方が便利ですから。よくお考えになっておいて下さい」と云い残して席を立った。あや子は、はいと返事するだけだったが、自分たちの婚意がとくに通じているらしいことに、ある安堵を感じていた。

二度目の大陸旅行

この年の八月、弘幸は二度目の中国旅行を試みている。七月には千島旅行をし、京都に行ってマライーニと会い、東京に引き返して横須賀から海軍の軍艦に乗って上海に渡航する、という忙しさであった。海軍が委託学生の見学をかねて、上海のドックに入る軍艦に便乗を許し、ドックに入渠中は自由な行動を許す、ということであったらしい。他の大学からの委託学生も何人か同行したようである。この夏、陸軍は「関東軍特種演習」と称して、対ソ戦に備えて「満洲」への大規模な動員を行っており、「満洲」への旅行は完全に軍の統制下にあって、不急不要の旅行が許される余地はなく、このときに「満州」への旅行を禁止された人は沢山いたのだが、海軍にはまだ多少の余裕があったものと思われる。この頃弘幸はある本の翻訳で出版社から相当額の報酬を貰っており、その金を大陸旅行に充てた。この翻訳は旅行から帰ってからもその続きをやって翻訳料を貰っていた。

旅行から帰った弘幸は、高橋家に現れて母マサとあや子にコティの口紅を、照子に白い婦人用の手袋をお土産に贈った。上海あたりで買ってきたものであろう。あや子はいまでもコティの化粧品をみるとこのことを思い出して、決して使おうとは思わない。

近づく危険

この年九月頃、山浦隆次郎札幌警察署長から高橋マサに対して、お宅の親戚の宮沢弘幸は特高が目をつけているから、言動に注意するように伝えて欲しい、という連絡があった。山浦署長は高橋勝亮の小樽水上警察署長時代の部下で高橋家とは親しく、勝亮が死んだ時に墓標の字を書いたのも山浦であった。マサはこのことを弘幸に伝えたが、弘幸がそのことをどの程度に受けとめていたかはわからない。

十月頃、あや子は弘幸の下宿を訪ねた。アルバムを見て、大陸旅行の話などに興じた後、夜八時頃に下宿を出て家に帰ろうとすると、外套を来てマフラーをつけた男が一人、塀に張りついたような格好で下宿の出口を見張っているのに気がついた。あや子は山浦署長からの警告を聞いていたので、弘幸が特高に見張られている、と直感した。

十一月中旬頃、山浦署長から再度の注意があったのであろう、高橋マサは弘幸に対して、いまは時世が悪い、学問上の尊敬といっても警察には通用しないから、決してレーン先生のところには出入りしないように、と伝えた。マサはいつになく厳しい口調だった。弘幸は決して怪しまれるようなことはしていない、と反論した。照子はこのやりとりを見て、弘幸は納得していないことを知ったが、しかし山浦署長からの再度の警告は、弘幸に強い印象を与えたようだった。

十二月初めのことである。ある日、弘幸は高橋家を訪ね、一人で二階に上がってゆき、あや子の部屋に入ると、「僕はどこにいてもあやちゃんの幸福を願っているからね」といい置くとそのまま階下に降りて出ていってしまった。しばらくあっけにとられていたあや子は、大切なことを云われたことに気がついて、あわてて階下に駆け降りたが、すでに弘幸の姿はなかった。あや子は強い不安にとらわれた。弘幸はいつになく、どうしてこんな唐突なかたちで愛情を告げようとしたのだろうか。

暮れの入院

そのことの意味をただす機会もないままに、あや子は腎盂炎を起こして高熱を発し、十二月四日頃北大病院に入院した。発熱は続いていた。

十二月七日、そうとは知らずに高橋方を訪ねた弘幸は、マサと照子からあや子の入院を知らされて、そのまま北大病院にあや子を見舞った。午後一時頃だった。ドアをノックしてあや子の病室に入った弘幸は、あや子の顔をのぞき込むようにして、「今日はおばさんは来られないようだから、付き添いの人に迷惑をかけないで大人しくしなさいよ」といって、白い封筒を取り出し、氷枕の下に差し込み、「お金が入っている、翻訳で僕がかせいだ奇麗なお金だから安心して使ってね」といって、そのまま病室を出ていった。発熱でもうろうとしていたあや子には、受け答えする力もなかった。ドアを出ていく弘幸の後姿はなぜか寂しげに見えた。これがあや子の弘幸を見た最後で、再びその姿を見ることはなかった。

封筒には七十円のお金が入っていた。なぜ弘幸は、このとき七十円の大金を置いていったのだろうか、その後のあや子は、ああも思い、こうも考えながらその後の四七年近い年月を過ごして、未だに解くことができないままでいる。

弘幸は身辺に迫る危険を感じとっていた。山浦署長からの再度の警告のほかにも、なにかそれを実感する経験をしたに違いない。弘幸をとりまく情勢はこの年夏から秋にかけて変化した。海軍委託学生の試験に合格するについては、それなりの身辺調査があったはずで、それは思想調査も含んでいたが、弘幸はその調査に合格していた。しかし七月三十一日には内務省警保局長通牒「治安維持に関する非常措置に関する件」が発せられて開戦時の非常措置とその事前準備の段取りが具体化され、九月に入ると政府は明確に対米開戦の方向に踏み出した。九月六日の御前会議は「帝国国策遂行要領」を決定し、「帝国は自存自衛を全うするため対米（英、蘭）戦争を辞せざる決意の下に概ね十月下旬を目途とし戦争準備を完整す」、「十月上旬に至るも尚我要求を貫徹し得る目途なき場合に於いては直ちに対米（英、蘭）開戦を決意す」ることに決めた。そして十月十八日には近衛内閣に代わって東条内閣が成立する。

それらの動きにつれてアメリカ人レーン夫妻に対する圧力が急速に強化されるとともに、特高は弘幸を厳しい監視と非常事態（開戦）発生時の検挙対象に加え、この夏の弘幸の千島、中国大陸への旅行などもあらためてその目で洗い直していたに違いない。弘幸は一方で身辺の危険を感じ、他方でそんなことがあってたまるかと反発する動揺のなかで、あや子への愛情をつのらせていった。あや子への、その表現の仕方も揺れていたのだろう。

なお宮沢弘幸は北大時代の三冊のアルバムを遺した。これは弘幸が切迫する身辺への危険を感じて、予め友人方にアルバムを疎開しておいたからである。宮沢の検挙のあと、これらは宮沢家に返された。

十二月八日

この日の朝、ラジオで太平洋戦争の開戦を知った弘幸は、直ちにレーン夫妻の官舎を訪問し、やがて辞去した直後に、特高警察に検挙された。弘幸をレーン方訪問に駆ったもの、それは危険を知りながらそうしないではおられなかった、人間的な、そして道徳的な勇気であったろう。開戦の緊張のなかで人間の絆を確認したかったからに違いない。

高橋家がその変事を知ったのは、昼少し前のことだった。弘幸の下宿先茅野アパートの主人が、高橋家を探してきて、「今朝特高が宮沢さんの部屋に踏み込んで、めちゃめちゃにしていった、宮沢さんは北大で検挙されたらしい」と伝えてきたのである。マサは急いで昼食をとると、下宿を訪ねて弘幸の部屋の惨状を見たあと、北大病院のあや子の病室に回り、ことの次第を手短かに説明して、特高が訪ねてきてなにか聞かれても、なにも答えないように、どんなことに利用されるかも知れない、と云い置いて自宅に戻った。そして宮沢家の友人、札幌逓信局の遠藤毅局長に電話して、変事を東京の宮沢家に伝えてくれるように依頼した。この日は開戦の日で、札幌、東京間の電話は輻湊していたに違いないし、長距離電話を利用する者も監視の対象になっていたに違いないから、マサが急いで遠藤逓信局長に東京への電話連絡を依頼したのは賢明な措置だった。

遠藤からの知らせで急を知った宮沢とくは、その夜すぐに東京を発って札幌に向かった。弘幸の下宿に寄って、特高の荒らしたあとを片付けたとくは、高橋家を訪ねた。下着、洗面具の類を入れた風呂敷包みを高橋マサに託し、札幌警察署の山浦署長に頼んで、差し入れと弘幸の所在を教えてもらうように依頼した。マサは照子に風呂敷包みを持たせて、旧知の署長夫人を官舎に訪ねた。数日後に山浦夫人から返事があった。特高のやっていることは、署長も手が出せない、どこにいるかは教えられない、差し入れ物は責任をもって差し入れる、ということだった。

弘幸逮捕の翌日の夕方、マサは近所の店からリアカーを借りてきて、宮沢から預かっていた本や亡夫の残した洋書などを積んで、北一条教会の同信の友人の物置に預けた。マサは自宅が特高に踏み込まれることを覚悟していたが、幸い特高は来なかった。その後も宮沢とくはしばしば来札した。ある時は、北大当局が弘幸の受難に冷淡なことを悲しんで、マサと手を取り合って嗚咽していた。姉妹は息をのんで二人の母の悲嘆を見ていた。

壊された青春

病床で弘幸の受難を知ったあや子は、事態の動きが解らないままに、涙にむせて声も出なかった。退院したのは、十二月も暮れの迫った頃だった。まず弘幸がなぜ捕まったのか、その事情を確かめることだ。しかし誰に聞いたら解るのか、それが解らない。年が明けて大学が始まった頃、あや子は北大工学部の前に立って、弘幸の友人を探した。病後の体に厚着をして、グレーのコートを着たまま雪のなかに立ちつくした。かねて弘幸は学友小沢保知を尊敬していたが、あや子はその顔を知らない。二三日後にやっと顔見知りの学友に会うことができた。短い立ち話であったが、その学友の返事はすげないもので、なにも得るところはなかった。いまにしてあや子は当時、弘幸と親しくしていた学友たちの危険な立場をよく理解できるのだが、その時はただ悲しくて泣けてくるだけだった。北大構内の雪の小道を通って桑園の踏み切りに出ると、ふと通り過ぎる列車に飛び込む誘惑に駆られて立ちすくんだ。いくつかの列車をやり過ごすうちに、自分はキリスト者ではなかったのか、自分で命を断つことは許されないはず、と思い直して家路についた。あや子は再び発熱して床についた。

いまは遠い所で寒さに苦しんでいるだろう弘幸に、一目でも会ってその存在を確かめなくては、これからどうして生きていくことができるだろうか。しかしマサには弘幸が拷問を受けているだろうことは容易に推察された。累はあや子に及ぶだろう。あや子を囚われの弘幸に近付けてはならぬ。マサはそう考えた。

現に参加していたドイツ語の学習グループの席で、あや子は中国人留学生と面識があったが、特高は高橋家に来てマサに対し、あや子は中国人とつきあっている、その人たちの言動を教えてくれるように伝えてくれ、と申し入れた。特高は当時のあや子の勤め先にも顔を出して、宮沢のときは山岡署長のこともあって大目にみたが、今度の中国人のことでは情報を提供して欲しい、と云ってきた。マサもあや子もこれらの申し入れを断ったが、身辺に特高の目が光っていることは、高橋家の人々を緊張させるに十分だった。

ある日高橋家を訪ねた宮沢とくは、「あや子さんさえ待ってくれるなら、あらためて婚約をして、宮沢の家に来てもらってもよい」といったが、マサは黙って聞いていた。あとでマサはあや子に、弘幸のことどう思ってるの、と聞いたが、あや子は弘幸のことなんか考えていない、と答えて照子を驚かせた。あや子はマサに対しては、こんな反語的な表現しかできなかったのだが、マサの心にはあや子の気持ちはよくわかっていた。

裁判は非公開だつた。弘幸に対する無期懲役の求刑が伝えられたのは、ある暗い日の夕方のことだった。やがて懲役十五年の刑が確定して、網走に送られた弘幸に親族の面会が許されることになった。あや子は、形の上でも妻として入籍して欲しい、妻として面会が実現できれば、翌日に籍を抜いてもよい、といってマサにつめよった。弘幸が生きていることを自分の目で確かめたら、次の希望が生まれてくるように思われた。しかしマサはとりあわなかった。

戦後の日々

一九四五（昭和二十）年八月、長かった戦争は終わった。やがて政治犯の釈放が伝えられ、弘幸も釈放されたことが推測された。しかし宮沢家がいまどこにいるのかも確かめるすべはない。あや子はしきりに上京を焦ったが、しかし焼け野原になった東京には泊まる所もなさそうだった。マサは、そのうち手紙が来る、手紙を待とうと云った。四六年九月、弘幸から毛筆で墨書した手紙が来た。宛名は高橋マサだった。いま病気療養中で社会復帰に努力している、という趣旨の近況が簡潔に記されていた。あや子の希望には曙光が見えた。しかしまた、弘幸が数年にわたる生死をかけた苦難の後に、あや子へのかわらぬ気持ちを持ち続けているのかについて、一抹の不安を感じないわけにはいかなかった。

高橋あや子。仙台ハリストス正教会にて1988年１月(筆者撮影)

高橋マサが倒れて再起不能になったのはその頃だった。あや子はその入院費、一家の生活費、それに弟たちの学費を得るために、昼夜の別なく働かなければならなかった。亡父の遺した国債と満鉄の株券などは紙切れ同然になった。マサはこの年十二月十七日に脊髄癌で亡くなった。

長男勝彦が北海道新聞の東京総局に出向して上京し、札幌に帰ってきたのは一九四七（昭和二十二）年五月のことだった。勝彦はその直前に飯田橋に引っ越していた宮沢家を訪ねて、その年二月に弘幸が拘禁中に発病した結核が悪化して死亡したことを知った。あや子はその知らせを受けたときに、生きていて欲しかったという哀切な思いとともに、なぜか心の片隅では、すべてが終わって弘幸は自分の掌中に帰ってきた、と思われた。このとき、あや子は二十三歳だった。

それから既に四十一年の月日がたった。あや子には何回も結婚の話があり、何度かはその決断を迫られることがあったが、しかし弘幸のことが忘れられなかった。その度に学生服を着て、小児のような顔をした弘幸が心のなかに像を結んで、踏みきれないままに、独り身を通してきた。そして、札幌、東京、仙台の各地で駐留軍や商社に勤務して経理事務を担当した。あや子は働きづめに働いてきた。弘幸の学生服を着た写真（拙著『ある北大生の受難』五七頁掲載）を財布に入れて肌身離さず持ち続けてきたが、七年前に盗難にあって財布ごとなくなってしまった。しかし弘幸はあや子の心のなかに生き続けてきた。

そしてあや子は、いまでも札幌での悲しい経験と、誰にぶつけてよいのかも解らない憤りが余って、一九五五年（昭和三十）に札幌を去って以来、この街を有すことができないでいる。宮沢弘幸とともに描いた青春の心象は、軍機保護法によって壊されたまま修復されたことがないようだった。一九八七（昭和六十二）年十二月、新聞広告で拙著『ある北大生の受難』を見て購読した高橋あや子の私にあてた手紙は、「これからも国家秘密法反対の運動を続けて下さいませ、第二の弘幸を出さないために、そして言論の自由を守るために」と結ばれていた。一九八八年一月三十日の午後、仙台のハリストス正教会で私は高橋姉妹の話を聞き終えて、あや子の心が修復に向かうのには、まだかなりの時間が要ることだろう、と思った。しかし人間の絆を撚りあげるのに、決して遅すぎるということはない。

Ⅳ　四十六年目の再会

少女たちとの出会い

一九三六（昭和十一）年三月、長野中学（現長野高校）を卒業した黒岩喜久雄（一九一八年一月七日生まれ）は、北大予科農類に進学した。長野県に生まれ育った黒岩はこの年四月、初めて津軽海峡を渡って、北海道の地を踏んだ。「エルムの学園」で新しい生活が始まった。

一週間ほどたった頃、黒岩はどういうわけか猩紅熱とジフテリヤにかかり、高熱を発して札幌市立病院に入院してしまった。面倒な病気だから伝染病棟に入れられて、厳重に隔離された。初めての土地で知り合いもなく、心細いことだったが、病気の方はことなく回復した。二週間もすれば退院できると思っていたら、一カ月半も退院が許されなかった。というのは、この年の秋に石狩平野を中心に陸軍特別大演習が予定されていて、新築間もない農学部本館が大本営と行在所となり、ここに天皇が行幸することになっていて、札幌では伝染病に対して特別に厳重な対策がとられていた。この大演習は、大陸への全面的な侵攻に備えて、気象、風土などが大陸に類似している北海道を選んで行われたもので、日中全面戦争はその翌年七月に始まった。そしてこのときの天皇行幸の跡は、北大クラーク像の斜め向かいに聖蹟碑となって残っている。その行幸に備えて北大では札幌神社で「聖上御安泰祈願祭」を催したり、全学生、全教職員に臨時の種痘接種が行われたりしていた。そこで黒岩は病気はなおっても保菌の疑いが完全に晴れるまでは、病院に留め置かれたのである。黒岩の退院したのは六月上旬になってからだった。

退院して三日目のこと、黒岩は広大な大学構内の見物に出た。入学した途端に入院したので、ゆっくりキャンパスを見て歩くのも初めてのことだった。この日、大学は休みで人影はなく、初夏の陽に緑が映えていた。というのはその前日に北大予科と小樽高商の野球対抗戦が行われたからである。この試合は札幌の名物の一つで、北海道の早慶戦と呼ばれて、市民を巻き込んだ応援合戦が盛んに行われ、勝つとストームは街に繰り出して大騒ぎとなり、翌日は教室に出てくる学生も少ないことから、いつしか休日になる慣例になっていた。理学部裏のポプラ並木に来たところで、病み上がりの体に疲労を感じ、草むらに腰を下ろして休んだ。そのうちに横になって眠ってしまった。

どれだけ眠ったのか、ふと目が覚めると、二人の白人の少女が黒岩の体に手をかけて、心配そうに顔をのぞきこんでいた。そして、「病気じゃないの、うちに来て休んでいくといいわ」という。草むらに横になって眠っていた病後の黒岩の姿が、少女たちの母親譲りのやさしい関心を呼んだのだろう。黒岩が起きて少女たちについていったところが、レーン夫妻の官舎だった。この頃、北大構内の北十一条西五丁目に、四軒並ぶ外人官舎の西から二軒目に、予科英語教師だったアメリカ人、ハロルド・レーンとポーリン・レーン夫妻が娘たちとともに住んでいたのである。少女たちは、ポーリンに「ママ、ポプラ並木で寝ていたの、病気らしいわよ」と報告する。少女たちと母との会話は、もっぱら日本語である。黒岩は応接間に招じいれられて、紅茶の御馳走になった。レーン夫妻は黒岩の健康を尋ね、官舎に遊びにくるように誘った。初めての土地で大病が治癒したばかりの黒岩にとって、レーン夫妻の温かい家庭的なもてなしは、心にしみて嬉しいことだった。

こうしてその後も時々レーン家を訪問するようになった。夏休みに長野に帰ってこの話をすると、母親は黒岩にレーン家へのお土産を持たせた。

寝ている黒岩を起こしたのは、当時幼稚園に通っていたキァサリン（愛称、ケイコ）とドロシー（愛称、ドッコ）の二人でレーン家の五女と六女、双子の姉妹だった。この姉妹は翌年、師範学校の付属小学校に進んだ。レーン夫妻は黒岩にこの姉妹の家庭教師になって勉強その他を教えてやって欲しいと頼み、黒岩もその依頼を引受けた。二人の陽気な娘たちは、黒岩によく親しみ、黒岩も勉強をみるほかに、北大の広いキャンパスのなかで少女たちとよく遊んだ。いつしかレーン家では黒岩のためのベッドを用意し、黒岩もレーン家に泊まることが多くなった。このようにして、黒岩はしばしばレーン家を訪ねるようになつた。

これが今から五十二年前の黒岩とレーン家との、そして二人の少女との出会いだった。

日本とアメリカの開戦

黒岩は一九三九（昭和十四）年四月、農学部農学科に進学した。農学科は農業経済や農業生物などに対してプロパーと呼ばれていたが、黒岩は主に作物育種学教室の長尾正人教授のもとで遺伝学を勉強した。

一九四二（昭和十七）年三月に卒業予定であったが、一九四一（昭和十六）年十月十六日、政府は「大学学部等の在学年限又は修業年限の臨時短縮に関する件」を公布して大学・専門学校の在学期間を六カ月以内短縮して繰り上げ卒業させる措置を決定し、とりあえず四一年度は三カ月短縮することになった。

翌四二年度は六カ月短縮となったから、宮沢弘幸たちの学年は四二年九月卒業となったのだが、一学年上だった黒岩たちは急に四一年十二月に卒業することになった。

黒岩は実はもっと勉強するために、卒業に必要なプロパー以外の科目を受験しないで、留年するつもりでいたのだが、政府の方は早く徴兵するために卒業を繰り上げて兵営に送り込む政策に出て、黒岩もゆっくり構えていられなくなってきた。四一年十二月初め、黒岩は徴兵検査を受けるために長野の実家に帰省した。卒業と同時に徴兵猶予の期限が切れるからである。直江津を回る信越線の夜行列車の中で寝過ごして長野駅で降りそこない、次の川中島駅に降りたのが十二月八日午前一時頃だった。いつもと違って駅舎は真暗だった。駅員に聞くと、特に今夜は灯火管制を厳しくするようにいわれている、という。なにか異変が起こったか、と思いながらトランクをかついで長い夜道を歩き、早朝に長野市三輪田町の実家に帰り着いたところで、ラジオ放送が真珠湾攻撃による日米開戦を報せた。

レーン先生たちはどうなるのか、という心配が黒岩の頭をよぎったが、このときは深く意にとめることはなかった。母親はむしろ黒岩の身を案じて、喜久雄はレーン先生と親しくしていたけれど大丈夫だろうね、と問いかけたが、黒岩は、なに心配することはない、と応えた。徴兵検査は十二月十日に行われ、黒岩は乙種合格で翌年二月一日には入営することが予告された。ラジオと新聞は、連日のようにハワイとマレー沖での戦果を報道していた。黒岩は、自分が兵士になることを逃れ難い運命としてうけとめる心境になりつつあった。その前に、大学を卒業しなくてはならない。黒岩はまた汽車と船の長旅をして十二月十五日頃、札幌にもどった。

卒業式から警察へ

とりあえず、残っていた試験を受けた。卒業するつもりはなかったのに、戦争のために急拠卒業することになって、残しておいた十単位ほどの試験を受けたのだから、忙しかった。ようやく間に合って十二月二十五日には、二十七日に予定されていた卒業式を無事に迎えられることになった。

レーン夫妻が十二月八日の朝、検挙されたことを大学できいた。キャサリンとドロシーの姉妹、それに祖父ヘンリーはどうしたのかが心配だった。しかしレーン家を襲った異変がやがて自分の身に及ぼうとは考えなかった。少しでもくわしいことを知ろうと思い、試験の合間をぬって市内の本屋富貴堂を訪ねた。この本屋はポーリンの父、ジョージ・ミラー・ローランド牧師の時代から組合教会、のちの北光教会の関係でレーン家とは親しくしていた本屋だったので、ここで聞けばレーン夫妻とその家族の消息がわかる、と思われた。主人に会って、レーン先生が連れていかれたそうだが、なんとか助ける方法はないだろうか、と尋ねると、主人は、私はそんなにレーン先生とは親しくしていませんよ、と答えた。この答えで、黒岩はうーんとうなった。そうだ、みんなレーン一家から身を退きはじめているのだ。

レーン先生との出会いで始まった北大生活の六年近い歳月は、レーン先生の受難と日米開戦の嵐のなかで終わろうとしていることを、黒岩は近く兵士になる自分の運命と思い合わせながら、感慨深く受けとめていた。

十二月二十七日の朝五時頃、三人の特高が大通西十三丁目の下宿、林方で就寝中の黒岩を襲った。書籍、手紙、アルバムその他身辺のものを乱暴に押収した。まったく予期しない襲撃だった。逮捕する、という。今朝は卒業式だ、自分は卒業生代表で卒業証書を受け取ることになっている、卒業式に出席させて欲しいと要求すると、特高はこの要求を認めて、それでは卒業式が終わったらその足で警察署に出頭せよ、という。この日、黒岩は卒業式で証書を受領し、学友の及川に「俺がいまから警察に行くということを頭に入れておいてくれ」と云い置いて、札幌警察署にむかった。

正月の発病と入院

黒岩喜久雄の名は、内務省警保局編『厳秘　昭和十七年に於ける外事警察の概況』の「戦時特別措置関係」の部分にレーン夫妻、宮沢弘幸たちとともに記載されている。その職業欄に「無職」とあるのは正確で、検挙された日に卒業して学生でなくなり、それに何処にも就職したわけではなかったからだ。この年、例年の通り、十二月二十八日から翌年一月四日まで暮と正月の休暇に入る。二十七日には留置場と廊下を隔てた取調室から異様な音が聞こえて、拷問の行われていることが窺われ、やがて自分もそれに直面することを覚悟させられたが、二十八日から役所は休みでやがて静かになった。特高は黒岩を留置場に入れたまま、自分たちは休みをとった。レーン夫妻の関係では、十二月八日に夫妻とレーン家の女中、石上茂子、工学部学生宮沢弘幸、工学部助手渡辺勝平が逮捕され、ついで十二月二十七日に黒岩喜久雄と日本ポリドール社員、丸山護が逮捕されていた。留置場は二階建てで、扇形に造られ、扇の要の位置にある見張り役の看守からみて、一階の左端に黒岩、右端近くに石上、二階の中央近くに宮沢、レーン夫妻の独房があった。

暮のうちの食事は、米と麦と糸昆布を炊いたものが出されたが、喉を通らなかった。正月元旦には雑煮が出た。官給の毛布を被って暖をとり、それに小さなストーブが燃えていたが、寒さはきびしかった。正月休みで取り調べや拷問のなかったのは幸いだったが、一月四日になると、猛烈な腹痛を覚えて房内で声をあげながらのたうちまわるようになった。数日間、苦痛で意識がもうろうとなる程で、悲鳴をあげ続けた。一月十日頃、こんなに悲鳴をあげるのだから本当に痛いのだろう、ということになって、保全病院に入院させられた。診察の結果は虫垂炎で、患部の化膿が進んで穿孔し、膿瘍を生じて広い範囲の腹膜炎を起こしていた。すぐに手術をしたが腹膜腔は膿汁だらけだった。腹の左右両側を切り、ゴム管とガラス管を腹に通して膿を抜き取った。生命の危険がある、という診断で、家族への連絡がとられ、当時新潟医大（現新潟大医学部）で病理学の助手をしていた兄、賢一郎が札幌に来てくれた。

病室にはベッドが二つあって、一方のベッドには特高が交替で寝起きして監視していた。目良院長と兄、つまり二人の医師は黒岩の枕もとでドイツ語で話している。二人は黒岩の生命に危険があること、それは警察が手当てを遅らせたことに起因するから、もし万一のことが起こったら警察の責任であることに意見が一致した。この話は黒岩にはわかるが、立ち会っている特高にはわからない。目良院長は特高に「重体になったのは警察の手落ちと認める、警察の責任です」と申し渡した。黒岩は死を思った。

病床での取り調べ

二月頃からベッドに寝たままの状態で取り調べが始まった。しかし院長の特高への申し入れが効果を発揮した。目良院長は発熱している、という理由で時々取り調べの中止を申し入れた。事実、腹膜腔はなかなか奇麗にならないで、血液が腎臓の回りに固まってとり切れない。そこで再度の手術が行われた。それにポーリン・レーンの父親、ローランド牧師は一八九六（明治二十九）年から札幌に住んで、一九二五（大正十四）年に東京に去るまで、札幌市民に親しまれた有名人で、ハロルド・レーンも一九二一（大正十）年から北大に勤務していて市民に厚い信頼を得ていたから、看護婦も医師もレーン夫妻に好感を持っていて、その関係で捕まった黒岩の立場に同情していた。看護婦が検温して去ると、やがて院長から取り調べの中止が伝達された。この経過をみていると、黒岩は病院側の好意を感じないわけにはいかなかった。これらの事情で特高は黒岩を手荒に扱うわけにはいかなかった。

特高は軍機保護法五条違反で、「偶然の原由に因り軍事上の秘密を知得し又は領有したる者、之を他人に漏泄したるときは六月以上十年以下の懲役に処す」、つまり黒岩がたまたま知った軍事上の秘密をレーン夫妻に語った、というのだが、黒岩には自分が軍機保護法に触れるような軍事上の秘密を知っていた、ということが信じられない。そんな秘密を持ち合わせた、ということが思いあたらない。このときから四十数年たったいまも、黒岩は自分が何事をレーン夫妻に語ったことが秘密を漏らしことにされたのかが判らない。思い当たることもない。そこでどうして処罰されたのかが判らない。

ハロルドは休日に娘たちと自転車に乗って札幌郊外にでることが好きだった。この自転車ハイクに黒岩も何度か同行した。ハロルドは自転車の前輪にメーターをつけて、回転回数を計り、今日は何十キロ走った、上野幌の宇都宮牧場までは何キロある、ということを記録して地図に書き込んでいた。これが自転車ハイクの楽しみの一つであった。特高はこれがハロルドの軍機探知だったというが、黒岩にはそのことが納得できない。レーン家では北大で出た廃材を使って、銭函の海岸に近い高台に簡易な別荘を建てていた。眼下の海岸沿いに国鉄の線路が走っている。夏にこの別荘にいって、海水浴を愉しんだ。黒岩も何度か一緒に行ったことがある。宮沢やマライーニも利用したことがある。石炭の貨車が走ると石炭が沢山落ちる。黒岩は娘たちとこの石炭を拾ってきたりしたが、特高はハロルドが何両の石炭列車が走ったかを計算していた、これが軍機の探知にあたる、という。しかし黒岩にはそれが理解できない。夏の夜に涼をとりながらに列車が汽笛を鳴らして走り去るのを観察する、というのもひとつの楽しみに過ぎない。黒岩はハロルドの行動について、こんなことを根掘り葉掘り聞かれた。

「反戦思想」と「拝米思想」

黒岩は一九四一（昭和十六）年七月にイタリア大使館が行った日本とイタリアの交換学生（二名）の選考試験に合格した。黒岩はイタリアの「造園学」が勉強できることを喜んだ。黒岩の専門は遺伝学だったが、留学先の希望専門科目として便宜的に「造園学」と記入したことを黒岩は記憶している。ところが憲兵隊が黒岩のイタリア行きに横槍を入れてきた。札幌憲兵隊は黒岩を呼び出して、徴兵猶予を受けている分際で、イタリアに行くのは許せない、徴兵猶予期間の切れる少し前に国外に出るのは、徴兵忌避のために違いない、それは「反戦思想」だ、というのだ。このためにイタリア行きは実現しなかった。特高の尋問のなかでこの一件がむし返された。「反戦思想」に基づいて、スパイになったんだろう、というわけである。

レーン家との交際にしても、特高によると「拝米思想」のためだ、ということになる。北大入学直後、病気になって入院し、退院して北大構内を散歩しているうちに眠ってしまい、キァサリンとドロシーの姉妹に起こされたことが端緒になって、レーン家との交際が始まり、その後親しく交際するようになったという話をしたが、特高には日本人学生が「敵性」アメリカ人教師の家庭とこんなに深い交際をすること自体が理解できないようだった。その理解できない部分を「拝米思想」で埋め合わせしようとするのであった。

特高がいつのまにか思ってもみない方向に持っていってしまうことを知って、黒岩は当惑した。しかしまた考えてみると、兵隊に好き好んでいくものはいない。誰しもそれは一日でも遅い方がよいし、いかないですむものならばその方がよい、と考えている。自分がイタリアに行こうと決意したときにも、イタリアで新しい知識と技術を得るということのほかに、そういう気持ちがなかったかといえば、少しはあったという方が正しい。

レーン家への出入りについても、欧米人との交際を通じて新しい知識を得ることへの興味がなかったとはいえない。こういうふうに、なかったとはいえない気持ちを勝手にふくらませて追及されると、そういう自白ができてしまう。それではその自白は本当かといえば決して真実ではない。黒岩は人の弱みにつけ込む特高のやり方は卑劣だ、と思った。

それでも黒岩はレーン夫妻をスパイだという特高の押し付けには最期まで肯んじなかった。私はそうは思わない、私はそんな目でレーン夫妻を見たことはない、もし本当にレーン夫妻がスパイだったというのであれば、その責任は北大当局に、そして北大総長にある。黒岩はそのように述べて、検事の作った調書の末尾にはそのように記載してもらった。

自分は「反逆者」か

この年の二月、黒岩は入営する予定だった。しかし特高に捕まり、それに重病になって入営できなくなった。病床で入営延期の申請書を書き、院長の診断書をつけて警察を通じて提出した。

二月一日、寒い雪の朝、豊平橋に通ずる南四条に面する保全病院の前の道を、同年輩の青年達が入営のために月寒の歩兵第二五連隊の方に歩いて行った。そのなかには学友達もたくさん混じっていたに違いないのだが、その青年たちの緊張した顔つきを病室から見ていた黒岩は、なにか自分が心ならずも「反逆者」にさせられたような気持ちを覚えた。自分は国に対して悪いことをしたのではないか。学友達と同じ行動をとることができなくなったことに、自責に似た苦い感情を抱いていた。この気持ちは後々までも黒岩の心のわだかまりとなって残った。この日入営した学友達の多くが再び還らなかったことを思うときに、いっそうこの思いはつらかった。

いまにして黒岩は、そのように感じていた自分の何処に「反戦思想」が存在していたのか、と思うのだ。軍隊は確かに嫌いだった。しかしそれと「反戦思想」とは別のものだ。それに軍隊が好きで好きでたまらない、という男はいなかったはずだ、と思う。

四月二日に送検された黒岩は、向江菊松検事の取り調べを受け、四月十日に起訴された。すべてことは病室に寝たままで進められた。退院したのは五月頃だった。いずれ裁判があるから、いつでも呼び出せる場所に居てくれ、というはなしだった。

牧場に潜む

差し当たり住む場所がなかった。前の下宿に戻るのは、特高の捜索騒ぎで迷惑をかけていたので遠慮した。そこで宇都宮勤に頼んだ。勤は宇都宮仙太郎の息子で、レーン家とはながく親しい関係にあった。というのは宇都宮仙太郎は北海道の酪農の父といわれた人で、一八八〇年代、二十一歳の時にアメリカに渡って酪農を学び、明治の中葉から北海道に酪農を興し、今日の雪印乳業の前身、北海道製酪連合会を創立した。当時の札幌郡白石村上野幌に大きな宇都宮牧場を経営していた。同時にキリスト者としても有名で、ながく組合教会の支援者でもあった。この宇都宮仙太郎がその青年時代に渡米したときに、ポーリンの父、ローランド牧師に世話になって、牧師を生涯の恩人としていた。そこで宇都宮牧場ではローランド家にバターを寄贈し続け、これは牧師が札幌を去ってからはレーン家に対して行われていた。そこで物資が逼迫してからも、レーン

札幌郡白石村上野幌の宇都宮牧場の牛舎とサイロ。1940年夏(マライーニ提供)

家ではバターが豊富で、レーン夫妻が捕まってからも宇都宮牧場から獄中のレーン夫妻へのバターの差し入れは続けられていた。こんな関係でレーン家と宇都宮家とは親しく、レーン家では休日にしばしば宇都宮牧場に遊びに行き、黒岩や宮沢やマライーニも同行したことがあった。黒岩は牧場のバターの配達を手伝ったことがあり、卒業論文も牧場の一室を借りて執筆した。仙太郎は一九四〇(昭和十五)年に死んだが、その息子、勤があとをついで、レーン夫妻の事件の犠牲者をなにくれと世話していた。宇都宮家では、ローランド牧師とレーン家への信義を守ったのである。

勤は黒岩の窮状をきいて、引き取った。牧場で働いていれば、健康にもよいだろう、というわけだった。この頃、同じくレーン夫妻の関係で逮捕されて起訴されていた渡辺勝平も宇都宮牧場を寄宿先として届け出ていた。黒岩はスパイと云われた身を牧場に潜め、ここで働いて、健康を回復した。レーン家の末娘たちが一九四二（昭和十七）年六月の交換船で帰国したこともここで聞いた。同時に黒岩はこの年秋にレーン夫妻も帰国した、と聞いた。しかしこれが誤報で、レーン夫妻はすでに帰国したとされたまま、実は翌一九四三（昭和十八）年九月に帰国させられるまで、宇都宮勤を含む関係者たちになにひとつ知られることなく、孤立した拘禁生活を余儀なくされていたことは、拙著『ある北大生の受難』に詳しく叙述した通りである。黒岩に対する裁判の通知はいつまでたってもなかった。

年の瀬の裁判

四二年十月頃、黒岩は牧場の馬車に乗って札幌の街に出たついでに、丸山浪弥に裁判のことを調べてもらうように頼んだ。丸山は長野県出身で、札幌市議、北海道議、衆議院議員の経歴をもつ政治家で、この頃はすでに政界を引退していたが、同郷の人たちの面倒見がよく、黒岩も札幌に来てからはなにくれと世話になっていた。丸山は早速引き受けてくれて、南二条、西十三丁目の弁護士、笹沼孝蔵に連絡してくれたらしい。この人が官選弁護人だった。十一月になってから裁判所から呼び出しがあって、十二月二十四日に裁判が開かれることになった。このとき丸山の紹介で笹沼弁護士をはじめて知った。この日、この年の公判は年の瀬を迎えて閉じたはずである。

裁判は公開禁止で、傍聴席には特高の外事係が一人座っていた。黒岩はなにひとつ聞かれなかった。それに弁護人も発言しなかったように覚えている。検事がなにかしゃべったかと思うと、即刻判決になった。懲役二年、執行猶予五年であった。終わってから笹沼弁護士はいう。軍機保護法違反というのは重大犯罪で、みんな重い刑になっている、執行猶予になったのは君だけだ、控訴してもいいが、いつまでかかるかわからない、これ以上争っても時間の無駄だから、甘んじて受けた方がよい、と。黒岩はこの勧めに従った。軍を相手にして争って勝てるはずがない、と思った。

この月十四日にハロルド・レーン、十六日に宮沢弘幸、丸山護、十八日に渡辺勝平、二十一日にポーリン・レーンに対する判決があったのだが、それらの事情を黒岩は全く知らなかった。裁判自体が秘密になっていた。当時、この辺りの秘密はかなり厳重に守られていたものと推測される。

判決書の行方

黒岩に対する有罪判決は残されていない。これを保管していた札幌地検の総務部長今井健次の昭和六十二年三月六日付け、私宛の回答「判決書閲覧謄写の申請について」(札地検検二第五十号)は「貴殿から昭和六一年十二月十九日付け及び同六十二年一月八日付けをもって宮沢弘幸ほか五名の判決閲覧謄写申請がありましたが、このうち宮沢弘幸、ハロルド・メシー・レーン、ポーリン・メシー・レーン、黒岩喜久雄の四名についての判決書は、当庁に保存されておりませんので、貴意に副えません」と書かれていた。札幌地裁事務局総務課長都築豊の昭和六十二年二月十日付け、私宛の回答書は「過日閲覧謄写申請がありました宮沢弘幸他三名（これに黒岩が含まれている―筆者註）に対する軍機保護法違反被告事件の判決原本等について当庁刑事訟廷事務室において調査したところ、当然のことながら記録判決原本は当庁に保管なく、事件簿は廃棄済で、判決謄本の保存もなく、全く手がかりがありませんので、御了承ください」と書かれていた。そこでいかなる「秘密」を漏泄したというのか、全く手がかりがなく、黒岩の記憶にもない。

黒岩は、レーン夫妻と隔てなく交際していたのは、北大教授たちに沢山いたわけだが、こういう人たちには手をつけないで、出入りしていた学生その他をつまみあげ、レーン夫妻を罪にするための裏付けにしたのだろう、と考えている。

北大へ戻る

判決が決まったので、一九四三(昭和十八)年一月になってから農学部に出掛けて長尾教授に会ってことの次第を説明した。教授は自分の教室の研究を手伝ってくれないか、というので、引き受けることにした。こうして北大に戻り、下宿も大学正門前の沢田方に移った。研究は「満洲国」のハルビン大学の池田秀男教授との共同の仕事で、満日亜麻株式会社の委託によって、「北満」の寒冷地に適した耐冷性の亜麻をつくる育種学的研究だった。資金は満日亜麻から出て、その一部を黒岩がもらい、残りを研究費にプールすることになっていた。黒岩はその会社の嘱託のような身分となり、北大に派遣されたかたちになっていた。こうして敗戦まで農学部で研究生活を送った。

バラと遺伝学

敗戦になり、やがて軍機保護法は廃止になって、黒岩は完全に復権したが、しかし同時に「満洲国」もなくなって研究は止まってしまった。復権と失業が同時にきた。そこで今度は正式に副手に採用されて、一九四九（昭和二十四）年まで研究生活を続けた。この頃、陸軍軍医になっていた兄賢一郎が一九四五（昭和二十）年八月三十一日にクァラルンプールで戦病死したことが公表されて、いったん長野に帰ることになった。

そのうちにレーン夫妻を再度北大に呼ぶ話がもち上がった。レーン夫妻は一九五一（昭和二十六）年三月二十六日横浜港着で再来日した（北海道新聞、同年三月三十一日付）。この頃再度北大農学部にきていた黒岩は、この年四月中旬北海道に渡ったレーン夫妻の歓迎にあたった。黒岩は函館までレーン夫妻を迎えに出て再会を果たし、札幌まで案内した。北大の学内には一部にレーン夫妻を呼ぶことに反対する運動があって、歓迎の仕事も気骨の折れることだった。レーン夫妻はしばらく札幌の山形屋旅館に滞在したあと、もとの外人官舎に落ち着いた。そして昔の教え子や旧友たちに囲まれて静かな教師生活を送り、ハロルド・レーンは一九六三（昭和三十八）年八月に、ポーリン・レーンは一九六六（昭和四十一）年七月に札幌で亡くなり、いまは札幌の街を見下ろす円山墓地に眠っている。そして夫婦ともにその死に至るまで、自分たちの経験した苦難の日々については、なにごとも語ることはなかった。

黒岩は一九五三（昭和二十八）年から長野に落ち着き、母校長野高校に三年間、ついで須坂高校に三十年近く勤務して、一九八四（昭和五十九）年に退職するまで県下の高校教育界に貢献した。生徒たちを愛し、サッカー部を指導して生徒たちとともにグランドでボールを蹴り、熱心に生物学を教えた。一九五四（昭和二十九）年には、結成直後の県高教組の書記長を勤めた。バラ先生の名で有名で、長く自宅に接して二五〇種ものバラを集めたバラ園を作っていたが、五年前にこれらをすべて北隣の中野市に寄贈し、いまは自転車で隣市の公園に通ってバラの手入れをしている。長野電鉄の須坂駅で降りて、「バラ園の黒岩先生のお宅へ」といえば、運転手は黒岩宅の玄関先に止めてくれる。

黒岩喜久雄(中央)左からドロシー、ダーチァ、キャサリン。札幌にて1941年1月7日(黒岩喜久雄提供)

長年教えてきた遺伝学については、一九八二（昭和五十七）年六月に「高校生時代に一つの学問を体系的に追って勉強することの必要性という立場から、高校生向きの遺伝学専門書」（序）を著すために著書『遺伝学』

を上梓した。

いまは千曲川と善光寺平を見はるかす須坂市の自宅にあって、教え子たちが黒岩に贈った惜別の寄せ書きを表装した額の下で、自適の生活を送っている。そして市民講座で市民たちにバラの剪定法を教えることも忘れない。

46年目の再会、ドロシー、黒岩喜久雄、キァサリン(左から)東京にて1987年９月30日(黒岩喜久雄提供)

四十六年目の再会

レーン家の六人の娘達はアメリカ各地に健在だ。その姉妹が、一九八七（昭和六十二）年九月に揃って来日した。札幌の六人の母校北星学園が九月二十二日、二十三日に創立百年の記念祭を行い、これへの出席とあわせて墓参のために、姉妹が札幌で一緒になった。その帰り、九月三十日に在京の北大同窓生が中心に東京で姉妹を囲んでレーン夫妻を偲ぶ会が開かれることになった。このことを伝え聞いた黒岩は上京した。北大生だった頃にその勉強をみてやった当時の小学生、いまのキァサリン・ブリュワー夫

レーン家の６人姉妹。東京の霊南坂教会で、1987年９月30日（松本照男提供）

人とドロシー・ファウラー夫人と会うことで、人間の絆のもつ意味を確かめてみたい、と思った。

こうして四十六年ぶりに、黒岩とキァサリン、ドロシーとの再会が実現した。二人の姉妹が北大のポプラ並木で眠っていた黒岩をゆり起こしてから、戦争の激動をはさんで五十一年の歳月がたっていた。青年はすでに七十歳に近く、少女たちは六十歳に近かった。固い握手を交わした三人の頬に涙が伝わった。二人は黒岩の両腕をとって離さなかった。

黒岩は、拘禁された両親と切り離し、祖父ヘンリーの死の直後に二人の少女を船に乗せてアメリカに送り帰した政府のやり方は酷いものだった、と思う。長姉ウィルミン・ハンフリィズはニュヨークの埠頭で幼い妹二人を出迎えたときのことを思い出す。印度洋と大西洋を渡る長い船旅に疲れ果てた二人は痩せ衰えていたという。そして双子の少女たちがこの苦難に耐え得たのは、小さい胸に両親との再会の日を信じて、互いに励まし合うことができたからだという。黒岩もまたそう思う。二人は双子だったから、幼い日々の苦難を乗り越えたのだ。

黒岩は一九四一（昭和十六）年一月七日、当時北大二年生だった自分の誕生日の記念に、小学校四年生だったキァサリンとドロシーとを両脇に抱え、マライーニの長女ダーチァをまんなかに挟んで撮影した写真を姉妹に見せた。そして四六年ぶりに、二人の姉妹と同じ姿勢で肩を組み、写真を撮った。黒岩の両腕は姉妹の涙に濡れていた。

賛美歌と「都ぞ弥生」が交互に歌われて、赤坂・霊南坂教会で開かれた会はいつまでも終わりそうになかった。黒岩は思うのだ。自分は間違っていなかった、レーン先生たちも間違っていなかった、間違っていたのは、大日本帝国の方だった、と。そして札幌の保全病院の窓から雪にまみれて入営していった学友たちを見た時以来、そして大陸や南方で死んでいった学友たちのことを思うたびに、心中深くわだかまってきた自責に似た気持ちは、もう少しいろんな角度から考えなおしてみてもよい、と思われた。

V　ヘルマン・ヘッカーとその周辺

ドイツ人ヘルマン・ヘッカー

拙著『ある北大生の受難』にしばしば登場したヘルマン・ヘッカー（一八八一年～一九六七年）とその周辺にふれておこう。ヘッカーは一九三〇（昭和五）年に北大予科ドイツ語教師となり、一九六五（昭和四十）年に北大文学部講師を辞めるまで、長い戦争の時期も引き続き北大にあって、学生に多大な影響を与えた。ヘッカーの没後、『北大季刊』三十号は追悼の特集を組んでその遺徳を偲んだが、ここでは主としてこの特集に寄せられた多くの稿に拠りながら記述を進めることにする。

ヘルマン・ヘッカーは一八八一年四月二十八日、当時のドイツ領（現フランス領）エルザス地方のワイセンブルクに医師の長男として生まれ、のちにこの地方の首都、シュトラスブルクに移った。彼の生まれ、成育したエルザス地方がドイツとフランスとの間の長い係争の地であったこと、そして恐らくはヘッカー家がそこでの少数派であったことが「彼の思考と感受性に強い影響を与えた」（W・グンデルト「ヘルマン・ヘッカーを偲んで」）。一八七一年に普仏戦争の結果としてドイツ領となったエルザスは、第一次世界大戦後一九一九年にヴェルサイユ条約によってフランス領となった。それに先立ち一九一八年、フランス軍占領下のエルザス地方にあって、ヘッカーは手押車に病弱な母を乗せてライン川の橋を渡ってこの地を去ったが、そのときのフランス兵の侮りをこめた笑いに深く傷つけられた。いたずらに武威を誇る者へのきびしい否定は、青年ヘッカーの心に焼きついたであろう。

ヘッカーはシュトラスブルク大学、キール大学、バーゼル大学、ハイデルベルク大学でドイツ語、ドイツ文学、古典文学を学んだ。その間、オーデンヴァルト校で教職についた。ここでの教師の経験が、教育者としてのヘッカーの資質を磨きあげたと思われる。ヘッカーは一九六五（昭和四十）年三月二三日、北大を去るにあたって、教職員、学生を前に記念講演「私の教育的修業時代」（『北大季刊』二八号、独文 "Pädagogishe Lehryahre" 和文、小栗浩訳）をのこした。そのなかでヘッカーは、やがてナチスの圧迫でドイツから追放された「人間性の学校」、「自由な精神の共同体」としてのオーデンヴァルト校の美しい教育環境を追想し、後に経験した北大「予科全体にひろまっていた友愛の精神は、あのオーデンヴァルト・シューレの家庭的精神を思わせるもの」であった、と述べていた。ヘッカーにとって、北大予科はその故国での教育的体験につながるものであった。この記念講演はヘッカーの真面目を表したもので、第二の故郷となった札幌の

北大外人官舎のヘルマン・ヘッカーと学生たち。1939年頃か
(『写真集北大百年』より。滝沢義郎提供)

地を「西の方にのぞまれる青い山やまによってエルザスの私の故郷を思わせる美しい札幌」とうたいあげ、その末尾を「人間性こそは我々の永遠の目標でなければならない」というゲーテの言葉で結んでいた。

初の来日

ヘッカーは一九二四(大正十三)年、第一次大戦後の初代駐日大使、W・ゾルフ博士の家庭教師として初めて来日した。ゾルフ博士は一八八七年ビスマルクが設立した東洋言語研究所日本語学科の第一期生で、ドイツにおける日本語研究の草分けで、東洋美術史の専門家でもあったが、同時に第二帝政時代にいくつかの植民地の総督を経て植民相を勤め、第一次大戦末期には外務大臣をも歴任した政治家であった。その駐日大使時代に一九二六年にはベルリンに日本研究所を設立し、これを日独文化交流の拠点に育てあげた。(J・クライナー「日独交流のあり方を考える」、朝日新聞一九八八年三月十四日付)この大使のもとで、駐日大使館はワイマール体制下の独特の学芸的雰囲気をもち、多くの学者や文人が集まった。ヘッカーはここで日本人との交友を深め、日本の美術や風物についての見聞をひろめて、その精神的視野を豊かにした。その後いったん帰国し、一九三〇(昭和五)年に日本学者、W・グンデルトの紹介で再来日して、北大予科の教職についた。

滝沢義郎一家とともに

翌一九三一(昭和六)年には初来日の時に知り合い、この時北大に入学してきた滝沢義郎(北大名誉教授)とともに生活するようになり、一九六七(昭和四十二)年四月二十日に「全北大人愛惜のうちに死去」(『北大百年史・部局史』)するまで、滝沢一家とは北大外人官舎で家族同様の生活を送った。そして「……ヘッカーの教育は、滝沢義郎一家の温かい人間関係に支えられて、大学内外で多くの人に人間的に大きな影響を及ぼした」(前同)。晩年ヘッカーの主治医をつとめた長浜文雄は次のように書いている。「隣家のレーン夫人は時々『ヘッカーさんには家族があるから羨ましい』と云っておられたが、ヘッカー先生もいつもレーン先生方のことを他人事ならず心配しておられた。レーン夫人が食欲がなくて、亡くなられる数年前から随分と痩せてしまわれたのであったが、『その食欲を何とか出させるためにはどんなものがよいだろうか、サワーな野菜や果物がよくはなかろうか』と云うようなことを度々語られた。レーン夫人もご主人が先立たれてからはヘッカー先生の病状をしきりに心配しておられたが、お互いに異国に生を終えようとする方々の深い思いやりが感じられてならなかった」（「Hermann Hecker先生」）。

レーン夫妻の晩年、娘たち六人はアメリカにいたが、レーン夫人にとってヘッカーが滝沢一家という「家族」とともにあることが羨ましかったのであろう。

「人間の教師」として

教師としてのヘッカーの授業は、「ドイツ文化の母体としてのドイツ市民文化」、「教養あるドイツ市民の真髄」を伝えるものであった。（青柳謙二「講義の頃の思い出」）しかしヘッカーにとってフランス語は生得のもので、加えて英語、イタリア語、スウェーデン語も堪能で、それにギリシア語、ラテン語の古典文学の深い造詣を持っていたから、いわば北大におけるヨーロッパ学芸の象徴のような存在で、その「言語に表された思想の構造を正確につかむすぐれた能力」と「純粋な人道主義」（堀内寿郎「一粒の麦」）を存分に発揮したのであった。予科の教室にギターを持ち込んで、ドイツのリードを教え、時には映画の主題歌「会議は踊る」も登場して、音楽を通じてドイツ語とドイツ人を理解させるのに熱心であった。またヘッカーは戦後文学部で「ラテン語やギリシャ語などの古代語を教えることができるようになったのも私は格別幸福なことと思っております。これらの言葉は私自身にとって生涯のよき伴侶だったのですから、そういうめったにない授業の試みが成功した時私が感じた喜びは言葉ではいいあらわせぬくらいです」（記念講演）と述べていた。

毎週金曜日の夜は、Freitag つまり「自由の日」であるとして、自宅を訪問する学生たちに開放し、多くの学生たちが集まった。「金曜日が先生のお宅への訪問日で、その日になるとやってくる学生達のために駅前の西村洋菓子店の大きな包をかかえて家路を急がれる先生の姿をよく見かけたものである」（松本照男「思い出の日々」、『会議は踊る　ただひとたびの』）。星野了介は書いている。「金曜日の訪問日には、予科生、学部の学生、時にはお隣りのレーン先生、マライーニ、色々な人が集まっておりました。紅茶と洋菓子を御馳走になりながら、レコードを聞いているもの、ギターをひくのもあらわれる、ドイツ語は勿論、英語、フランス語、イタリア語が飛び出す。そのうち一人帰り、二人帰り、夜もふけて十一時、十二時になるのが当時の金曜日でした」、「何度か行くうちにこれは大変だということに気がつきました。それは、いつ行っても同じような親切さで、しかも非常に熱心に相当のスピードでドイツ語の勉強をはじめられることでした」（「昭和十三年頃のヘッカー先生と予科生」）。学生たちは「広く高い教養に基づいて、先生に近づく全ての人に惜しみなく与えられた、深い人間性に立脚した純粋の善意」（田中行男「ヘッカー先生の思い出」）を感得するのであった。「オパ（ヘッカーのこと、私註）は己が力を、己が智を、全部求める相手に与えて惜しまず、与えることの少なきを悔いる人柄であったと思う。適当という言葉を知らず、全力を以て一筋に進んだ人柄ではなかったか」（滝沢義郎「オパのこと」）。ヘッカーはその記念講演で、「金曜日の晩に学生たちがきまってたずねてくれたことも私の教師生活のすてきな思い出の一つです」と語った。

ヘッカーが死んで、滝沢の手元には一九三〇年十一月に始まり、一九六五年十二月に終わる革表紙の一冊のノートが残された。ヘッカー家を訪問する人たちがサインをする訪客簿であった。それによると一九三八(昭和十三)年十二月からの一年間に、宮沢弘幸は二十二回にわたってヘッカー家の客となっていた。そして「ムッシィ・ミヤサワ」などという署名を残している。この時期に宮沢同様かそれ以上に足しげく訪問した人々をそのノートによって列記すれば、およそ次の通りである。大条正義、武田弘道、松本輝男、白井重信、蟇目清一郎、星野了介、K・藤原、茂木憲繁、S・三上など。それにヘッカーが訪客の近況やその日の出来事を短く書き込んでいる。例えば「29・IX・39」、つまり一九三九年九月二十九日には、藤原、早瀬、星野、三上、石田、武田の連署があり、星野の署名の横には、「L'Arrabbiata　暗記学習、終わる」とある。これは星野が前掲稿でドイツ語の勉強のために「本を一冊暗記してしまうことにした」、「Ei ei ei! L'Arrabbiata! と最後まで云えた時のヘッカー先生の満足そうな笑顔は、忘れることができません」と書いていたときのことである。

ナチスに対して

ヘッカーの故国ドイツでは、一九三三年にヒットラーが政権につき、ワイマール共和国は終わりを告げていた。当初は長く日本にとどまる予定のなかったヘッカーが、故国に帰る意思を失って戦時下に日本にふみとどまったのは、ナチスが政権をとったことと深くかゝわるだろう。「『すべての日の終わりはまだ来ていない』（すなわち終わりがくるのを待とうという意味です）」（記念講演）という心境だったと思われる。一九三七年には日本の中国侵略が本格化し、三九年には第二次世界大戦が始まり、四〇年には日本はドイツ、イタリアと軍事同盟を結んで、アジアの覇者になろうとしていた。そして四一年には太平洋戦争が始まり、戦火は全世界にひろがった。

ヘッカーは、「談ひとたびナチに及ぶと、恐ろしいような憤怒を爆発させた」（堀内、前掲）。「非人間的（unmenschlich）といって、しばしば卓を叩いて憤激された」（矢島武「一粒の麦」）。そして「ヒットラーについては『或る男』と云い、その名をいうのも嫌い」（岡不二太郎「人間性の使徒ヘルマン・ヘッカー先生」）であった。

ここでヘッカーの隣の官舎に住んでいたマライーニの書いたことを引用しておこう。「彼の人物には誰もがすぐ親愛の情をおぼえたが、彼の方は、お互いに心を打ち割った友人になる前にいくつかの本質的な点をはっきりさせておく必要があるという考えをもっていた。私は憶えているが、彼が私たちとのまさに最初の出会いのときに、私たちがフアシストもしくはフアシズムの賛同者でないかを確かめるために、どんなに――それとは示さないようにしながらも――私たちをチェックしたことか。そしてまた彼は、自分がナチ政権にはっきりと反対であることをどんなにあからさまに私たちに語ったことか。その時代にはこういったことが根本的なことで、とりわけドイツ人とイタリア人が関わり合いをもつときにはそうであった。まさにそれは、お互いの友情が成り立ち育っていく前に踏み越えられねばならないバリケードのようなものであった。ヘルマンは、『あの野獣ども、あの野蛮人、犯罪人たち』――それは明らかに東京のドイツ大使館でのさばっている連中を意味していたのだが――のことを語るとき、顔を真っ赤にした。ドイツにいるあの大犯罪人たちのことは、彼はほとんど口にもしなかった。それを口にすると、彼は気分が悪くなるのであった」（前掲「PASSEROTTO」）。

特高もヘッカーの言動をその監視のもとにおいた。電車通りの反対側、外人官舎を見通す布団屋の二階にアジトを作って、官舎に出入りする人たちを監視した。枢軸国の国民だからといって、容赦しなかった。

ヘッカーの身辺にはその故国からの圧力も及んだ。「戦時中もナチ入党の勧めを拒絶されたため、暗に陽に迫害を受けられたと云う」（宮下健三「ヘッカー先生のこと」）。

兵士の無事を祈る

北大の教え子たちは、次々に軍服を着て戦地に赴いた。ヘッカーは彼らの命運に思いをはせて、その無事を願った。一九四一（昭和十六）年七月、召集された渡辺左武郎は旭川の師団に入営するために、札幌駅を発ったが、「大勢の召集者と見送りの群れで大混雑の札幌駅のホームで、列車がまさに動き出そうとしたとき、人垣の後ろの方で、ひそかに私を送って下さっている先生を見出したときの私の驚き、私が先生のおられることに気が付いたことを、先生がお存じであったかどうか、今でも私は知らない。恐らく先生は、ひとりの教え子の出征を―或は二度と会えないかも知れない―蔭ながら送ってやろうとされたものと想像している。まさか先生が見送って下さっているとは夢にも思っていなかったので、そのときの先生の愛情に満ちたまなざしを一生忘れることはできない」(「ヘッカー先生と私」)。

蟇目清一郎は兵役に服するために札幌に帰ったが、「その時に先生に云われたことが今でも耳に残っている。先生はミリタリズムを憎悪し、大のヒットラー嫌いであった。『……しかし日本の制度下でのお前の立場は致し方がない。その中にあって激情に身を委ねるな。好んで死に飛び込むな。身につけた技術を生かすことが、国に対してよいことをすることになる。……』私はいつまでも先生がご健康で、予科ボーイを愛して下さることを祈って先生のお宅を辞し、間もなく満洲に向かった」、「『決して死ぬんじゃないぞ。また逢おうよ』といわれて、私も思わず『アウフ・ビーダーゼーン』と答えたのみで、他は言葉にならなかった」。(「敬愛するヘッカー先生」)。

ヘッカー家の訪客簿の一九四一年十二月三十一日、太平洋戦争の始まった年の大晦日、ヘッカーの筆跡で「S・蟇目(フロッシュ)東京からの短い休暇で帰る、私服を着た中尉」と書かれている。フロッシュは蛙で蟇目のニック・ネームであった。そのほか訪客の署名のあとに、四〇年九月十三日、今井について「北支戦線から帰る」、四〇年十月十四日、S・鈴木について「明朝、上海に発つ」、四〇年十月三十一日、中尉、川端について「支那前線から帰る」、四一年十一月十五日、S・鈴木について「上海から新婚旅行で帰る、素晴らしい、しかしともに賞味する菓子のないのが残念」などという注記が増える。三九年五月十九日には、「防空演習のため灯火管制」とある。これらの註記も軍機の収集と疑われかねない時世であった。

白井重信のこと

ヘッカーは記念講演で特に白井重信のことを語った。会津若松出身の白井は予科時代に父を失っていた。白井は、ヘッカーにある父性を感得したのかも知れない。白井の従兄弟、蟇目清一郎は、白井は「ドイツ語に異常なまでの興味を示し、ヘッカー先生に体当たり的に接近していった」（前掲）と書いている。ヘッカーは語っている。「彼は実によくドイツ語の勉強をしましたから、私たちは個人授業でもう一人の同じくよくできる仲間と一緒にゲーテの『イフィゲーニェ』や面倒なリルケの詩をどんどん読んでいきましたし、真剣に世界観の問題をとりあげもしました。その際、教場でもよくありましたが、偉大な人類の友、アルベルト・シュヴァイツァーが導きの星としてあらわれてくるのでした。この若い高貴な友シライ・シゲノブは北大医学部に学んでまじめで有能な医師になりましたが、彼の歩む人生の道のりを追っていくことは私の人生の最大の喜びの一つでした。彼の心は人間に対する愛情といたわりにみちていました。それで私たちは時々考えてみたものです。シゲは『大先生』の助手としてランバレーネにいけるようになるのではないか、精神的人間性にみちたあそこの雰囲気にシゲならきっととけこむことができるだろう」。（記

念講演)

ヘッカーによって、その若い時代から尊敬してやまなかった同郷のシュヴァイツァーの助手に擬せられた白井は、一九四一(昭和十六)年十二月に北大医学部を卒業して、翌年一月に海軍軍医中尉となり、六月に海軍軍医学校を卒業して軍務につき、海軍第九〇一航空隊の軍医長として服務中に一九四五(昭和二十)年六月二十八日、ルソン島でマラリヤのために戦没した。ヘッカーは語るのだ。「北大の数知れぬ学友たちと同じように、シゲを戦争に出してやらなければならなかった時、別離の苦痛はひっきりなしに大波のように私たちの上におそいかかってきました。私は涙にかきくれるすべての親たちの身の上を思わずにはいられませんでした。海軍の軍医として出征した彼はなつかしい長文の手紙を寄せてくれました。それは『マイン リーバー アルターヘルマン』ではじまっていて、いつも明るい節度のあるやり方で無理に愉快そうな調子で書いてありました。それは日本の南の方の港で出発間際にしたためてこっそり送らせたものでした。それから彼はルソン島のジャングルのなかで私たちから永遠に姿を消してしまったのであります」。(記念講演)

白井と北大同期の御園生一哉『比島軍医戦記』によれば、四一年十二月医学部卒業の若い医師たち六十二名のうち、五三名が陸海軍軍医となり、うち十一名が戦没した。この時期の医学部について、『北大百年史・部局史』は「医学部は軍医の速成養成場と変わり」と書いていた。

四一年十一月二十八日の訪客簿には、白井重信の横に「今日、耳鼻咽喉科の試験」とあり、十二月二十三日には同じく白井の横に「医学部卒業試験のあと、十二月二十九日に帰郷のため出発」とあった。そして三九年十月二十六日には、白井、川村の連署があり、「リルケ」と注記されていた。

拘禁された人たちに

ヘッカーの強い関心は、自由への抑圧が強まるなかで特高警察に拘禁された身辺の人たちの上にも及んだ。宮下健三は「戦時中強制収容された米人のレーン先生を連日見舞われ、万一の身の危険を犯してまで食糧を差し入れされた」と書いている（「ヘッカーさんのこと」）。

宮沢弘幸と母とくは、四一年十一月二日にヘッカー宅への最期の訪問をしたが、当日の訪客簿には、両者の署名のあとに弘幸が「宮沢弘幸と母は今宵ヘツカーさん宅での素晴らしい会合と友情に感謝します」と書かれ、その脇にヘッカーの筆跡で大きな十字でその死が表示され、「拘禁中の不当な処遇のために一九四六年死去」とあった。四六年は四七年の誤りだったが、戦後宮沢の不幸を聞き知ったヘッカーが記入したのであろう。

戦後一九五〇（昭和二十五）年九月、宮沢弘幸の母とくと妹美江子は、亡弘幸の跡を偲んで網走に旅した。その帰途札幌で母娘は、弘幸の旧師ヘッカーをその官舎に訪ねた。ヘッカーは温かく迎えた。その席で弘幸が検挙される一カ月前に、弘幸とともにヘッカー家を訪ねたときのことを思い出して、母とくは嗚咽した。美江子は母の肩を抱いて慰めた。この情景を見てヘッカーも

「ヘルマン・ヘッカー先生像」北大百年記念館にて筆者、秋間夫妻(左より)
1987年7月(山本玉樹提供)

また涙した。

当時北大農学部助手であった矢島武（北大名誉教授)は次のように書いている。「昭和十七年十月わたくしは、治安維持法違反のかどで友人たちと共に逮捕された。そしてさゝやかなわたくしの家族は世間の白眼と窮乏とに曝されることになったのである。わたくしは国賊であり、わたくしの家族は国賊を出した家庭であった。本当にわたくしやわたくしの家庭を憎んだ人も多かったと思うが、そうでない人も世間体や官憲の目をおそれて近寄らなくなった。いやそれどころではない。めいめいが自分一人の身を守るのがせい一ぱいであったであろう。それにもかかわらず、先生はわたくしの家族を親しく訪れ、励まし慰めてくださった。乏しい食糧の中からみやげ物まで用意して。このことは極めて勇気を要することであり、真の愛情の裏付けなしにはできないことである。わたくしは、いま先生の愛情にむくいることなく残されたことを恥じずにはおられないのである」（「一粒の麦」）。ヘッカーが当時円山にあった矢島の留守宅を訪問してくれたことを伝えたのは、面会に来た妻であったが、矢島は拘禁中にこの妻を失った。

矢島はそのヘッカーの回想を次のように結んでいる。「先生は、われわれに対する最期の講演を、いみじくも、ゲーテの言葉、”Humanität sei unser ewig Ziel!”で結ばれた。これは、先生が多年にわたってわれわれに云い続けてこられたことでもあった。わたくしは、先生の数多の教え子達の一人にすぎない。しかしHumanität の精神は、先生がわたしの心にまいて下さった『一粒の麦』である」（前掲）。

ヘルマン・ヘッカーの墓。札幌平岸霊園。1988年４月（筆者撮影）

ヘッカーはいま、札幌の東南部、平岸の霊園に眠る。豊平川を隔てて藻岩山を望む、白樺の丘の墓石には、”Die Liebe Höret Nimmer Auf,Doc.h.c.Hermann Hecker, geb.28,IV,1881 in Weissenburg

Elsass, gest,20, IV,1967 in Sapporo" と記されている。「愛は終わることなし」とは、ヘッカーの好んだ聖書の言葉であった。

この章のはじめに、ヘッカーは一九三〇（昭和五）年から一九六五（昭和四十）年まで、引き続き北大教師の職にあったと書いた。大筋はその通りであったが、より正確にいうと、敗戦直後に一時退職を余儀なくされたことがある。一九四五（昭和二十）年八月の敗戦直後、この年十月の内に二万一千人をこえるアメリカ軍が全道を占領した。十月五日、はじめて小樽に上陸したアメリカ軍は札幌に入ったが、この日に早くも北大の低温科学研究所を接収した。つづいて翌年一月には予科本館、中央講堂、学生集会所を接収した。北大キャンパスの中央にアメリカ軍が陣取る形勢になった。こうなると、アメリカにとって敵国人であったドイツ人ヘッカーが引き続き北大に在職し、構内に居住することを問題視する向きがあり、ヘッカーは当時の今裕総長（同年十一月三十日退官）の求めに従って辞職した。

ヘッカーは既に故郷エルザスで、第一次大戦におけるドイツの敗北とフランス軍の占領を経験したことがあり、日本の敗戦による事態の変化をも冷静に受けとめる余裕をもっていた。しばらくは外人官舎で、急激に増えた英語習得の要求に応じて英語を教えたりしていたが、翌一九四六（昭和二十一）年になってから、占領軍にその意向がないことが判明して再び北大に復職した。その間、北大から官舎明け渡しも要求されていたが、立ち退き先が見つからないうちに復職することになった。この一時退職は、北大当局が占領軍の意向を勝手に推測したことに発端したようで、この頃ヘッカーにとって随分と不快なことが多かったに違いないが、滝沢義郎はヘッカーの対処の仕方は「立派だった」と回想している。

一九六〇（昭和三十五）年、日本政府はヘッカーの長年の貢献に対し勲五等瑞宝章を贈り、翌一九六一（昭和三十六）年、ドイツ連邦共和国政府は功労十字勲章第一級を贈り、さらに北大は一九六五(昭和四十)年の退職時に名誉博士号を贈った。そして敗戦直後の一時退職が、ヘッカーの退職年金計算のうえで著しいマイナスになったことについては、計算にあたった北大事務局員の同情と関心を惹いただけのようだった。

VI　北海道農業研究会事件など

研究会の発足

ヘッカーとのかかわりで矢島武が回想した治安維持法違反事件は、北海道農業研究会事件と呼ばれる。当時北海道庁総務部長だった岩上夫美雄を顧問に、道庁官吏や産業団体職員、新聞記者などが集まって、北海道文化研究会がつくられて政策研究が行われていたが、一九四〇（昭和十五）年五月にその農業部門が独立して、北海道農業研究会が結成され、道庁農政課、北海道農会、新聞社、北大農学部農業経済学科などの職員、研究者十数名が参加した。この研究会は翌年十二月上旬までに四十数回にわたる例会を開いて、北海道農業の研究を行った。

ここで岩上総務部長の関与が注目されるが、現状に対する不満と改革を唱えていた当時の「革新官僚」と、若い研究者や新聞記者などの関心が重なり合う部分があったのであろう。岩上は北海道農業研究会発足の直後、七月に秋田県知事に栄転していったから、その後は関係がない。

この北海道農業研究会の設立の趣旨は、「農業研究会設立準備委員」の名による「北海道農業研究機関設立の急務を論ず」(『北海道農会報』昭和十五年五月号)に現れている。この論文は川村琢の筆になる。(玉真之助「百年を迎えた北方農業誌」(その10～13)、『北方農業』八四年四月号～八月号、本稿はこの研究によるところが多い)。

その第一は北海道農業が内地府県の農業と異なる特異性の強調である。「北海道農業は所謂内地諸府県と異なる構造を持つ。従って其処に行はるべき農業政策も諸府県のそれとは自ら異ならざるを得ない」。その第二は「満州」の農業開発に対して北海道農業の果たすべき指導性の強調である。「最近大陸の農業の指導は本道農業に課された重大使命の一つとなった」、「今や本道の農業は単に本道のみの農業ではなくして、大陸の農業の問題ともなった。本道開発七十年の歴史の経験は、又大陸農業の道しるべであり、今後の本道農業の進展の道とその対策は、又同時に大陸農業の手本でもある」。

これら二つの視点にたって、北海道農業の現状認識とその上にたった農業政策の研究、それが急務である、とする。

しかし農業の現状認識ということになると、日本資本主義発達史の分野における封建論争にみる二つの流れと、それに近衛文麿、有馬頼寧の「新体制」運動の流れをくむ官僚の問題関心など、種々な考え方の対立と一致とが持ち込まれざるを得なかった。矢島によると、研究会はこれらの種々な考え方の持ち主を広くとりこんだ党派性のないもので、「人民戦線」風のものであった。

北海道農会の副会長安孫子孝次と、道庁から農会に移った東隆はこの研究会の必要性を高く評価して、農会の予算を出し、事務局を農会に置いて研究活動を支援した。

研究会の発展

研究会と農村現地調査は精力的に行われて、その成果を農会機関誌『北海道農会報』に次々と発表し、それまでの官報風の誌面を一新していった。昭和十五年六月号、研究会名による「戦時下農業の基本的動向とその方策に関する序論」、十月号の荒又操（北大助教授）「北海道農業発展の基本方向」、十一月号の矢島「米作地帯の農業労働力」、十二月号の渡辺誠毅（朝日新聞記者）「農業共同経営について」、ついで『北海道農会報』誌と『北海道農業』誌が合併した『北方農業』誌、昭和十七年四月号の特集「北海道農業の諸問題」、とくに矢島「北海道に於ける農業労働の生産性」などが注目された。

現地調査としては、設立の年八月に四班に分けて行われた全道規模の農村調査、翌年北大医学部と協力して行われた農村保健調査などがある。戦争の影響で農村の労働力と資材、肥料が不足し、これを克服して生産力を拡充するためにトラクターの共同利用による導入をも展望した動力化、共同作業と共同経営の必要が説かれ、そのためには小作料適正化の必要が主張される、という具合で、これらの論点を現地調査に基づいて展開していった点に特徴があった。保健調査では婦人と老人に疲労と疾病が蓄積していることが指摘されていた。

これらの研究調査活動が進められていくなかで、一九四一（昭和十六）年十二月八日の開戦と、その翌日に行われた非常措置としての一斉検挙が暗い影を落とした。当局は開戦当日早朝に外諜関係の非常措置としてレーン夫妻や宮沢弘幸を検挙したが、その翌日には国内治安対策として全国で三百九十六名にのぼる非常措置による検挙を行い、そのなかに北海道では中川一男（北海道農会技手）、村上由（北海タイムス校正係）、佐貫徳義（小樽新聞記者）、五十嵐久弥（旭川市役所職員）他三名が含まれていた。これらは北海道における社会主義運動の草分けのような人たちであった。そして中川、村上らは北海道農業研究会に加わっていたのである。

弾圧は研究会にも及ぶのではないか、ということが心配された。

研究会への弾圧

一九四二（昭和十七）年十月一日、この心配は現実となった。研究会活動が治安維持法による目的遂行罪に該当する、ということで、矢島武、川村琢（もと北大副手、当時北海道農会技師）、渡辺誠毅、中川喜一（産業組合中央金庫札幌支所職員）、前田金治（小樽新聞記者、のちに獄死）らが一九四二（昭和十七）年十月一日に検挙された。続いて荒又操、東隆、笠島彊一（北海道農会技師）、岡田春夫（道議）らが取り調べを受けた。

特高はこの北海道農業研究会が「北海道農業に於ける半封建的諸関係、就中寄生地主的土地所有関係が農業生産の桎梏と化し、生産発展を阻害しつつある事実を暴露宣伝し、農民大衆に現在政府の執りつゝある共同経営その他の諸政策は徹底的生産拡充方策にあらずして、之れが徹底化は半封建的生産関係止揚による寄生地主的土地所有関係の廃絶にある」(『特高月報』昭和十七年十二月分)ことの啓蒙宣伝を目的とする団体であるとしたのである。『思想月報』第百八号は、「右研究会は表面北海道の農業及び生活文化に関する革新樹立を目的とする研究団体なる旨を標榜し、北海道における官公吏等を之れに参加せしめて巧みに合法偽装し、密かに右会員の共産主義的啓蒙に努めていたもので、殊に北海道総務部長を巧みに利用し、同部長官舎を会合連絡の場所等に使用していたことは注意すべきである」としている。

しかしこれらは特高警察や思想検察の見方であって、道庁高官の官舎で開催された北海道農業の研究会に北大農学部農業経済学科の助手であった矢島たちが出席していたことが処罰の対象とされたのであるから、もはや研究の自由は全くなかったというべきであろう。『北大百年史・通説』は、「この事件は、この研究会が北海道の左翼活動家グループのフラクション活動の一環と見なされて摘発されたものであるが、北海道農業研究会それ自身は、道庁官吏や北海道農会、北聯、北大関係者などを含めて組織され農会に本部を置く農業研究団体で、北海道の地帯別実態調査を実施し農業問題の分析・研究を行っていた」としている。そして「今や実態を調査し、事実を事実として公表すること自体が最大の反体制的活動となりつつあったのである」(玉真之助、前掲)。

研究活動に有罪判決

私の手元には中川一男に対する昭和十八年十月二十日付一審判決（懲役八年、裁判長判事菅原二郎、判事羽染徳次、判事秋葉雄治）があるが、これによると、次のような行為が「コミンテルン及日本共産党の目的遂行の為めにする行為」として、治安維持法一条後段、十条後段違反の犯罪とされている。

研究会例会で「渡辺がマルクス主義的観点に於いて執筆したる『農業共同経営論』を代読して其の優越性を解説し」たこと、何某の『適正小作料算定方式』に対する批判として右は那須浩博士の算定公式に立脚せる小農維持政策に他ならず、我が国小作料は半封建的高率小作料たるを以て、小農の自家労賃及び企業利潤の確保を先決問題となすべき旨強調し」たこと、「矢島武、川村琢等と共に農業実態調査員に選任せらるるや、同年八月中旬頃同人等と半封建的関係に於いて特異の発展を遂げたる北海道農業の戦時下に於ける経済動向を調査目標となすべき旨協議し、同年九月自己の分担に係る北海道十勝国河西郡大正村に至り、右協議目標に基づき調査を遂げ、同年十月中旬開催せられたる例会に於いて、事変下同村に於ける生産力減退及び階級分化激成の要因は半封建的なる土地所有関係に存する旨の報告を為」したこと、「昭和十六年七月十日頃、札幌市北四条西七丁目北海道農会に於いて、北海道帝国大学医学部、北海道農会及び北海道農業研究会の各代表者に依り、農村健康調査に関する打合会開催せらるるや、之れに出席し、集約的農業経第三、昭和十四年九月上旬頃東京朝日新聞社札幌支局記者渡邊誠毅ヨリ北海道廳總務部長岩上夫美雄ヲ中心トシ革新的ナル北海道廳官吏、産業團體職員及新聞記者等ニヨリ結成セラレタル通稱「岩上グループ」ハ生活文化等ニ關スル革新的政策樹立ヲ目的トスル研究團體ニシテ左翼分子ヲモ包容シ居ル旨聞知スルヤ、其ノ合法性ヲ利用シ同グループ員ヲ共産主義的ニ啓蒙スル目的ヲ以テ之ニ加入シ同年十一月上旬右岩上グループガ北海道文化研究會ニ改組セラレタル後ハ同研究會農業部門ニ所屬シ

(一) 昭和十四年十一月中旬頃札幌市北三條西四丁目北海道廳總務部長官舎ニ於テ開催セラレタル北海道文化研究會例會ニ於テ當時北海道廳農林主事東隆外十數名ノ會員ニ對シ前記渡邊ガマルクス主義的觀點ニ於テ執筆シタル「農業共同經營論」ヲ代讀シテ其ノ優越性ヲ解説シ我國ニ於テハ半封建的生産關係就中寄生地主的土地所有關係ガ桎梏トナリテ農業ノ資本主義化ヲ阻止シツツアル旨主張シ

(二) 同年十二月初旬頃同所ニ於テ開催セラレタル北海道文化研究會例會ニ於テ東隆外數名ノ會員ニ對シ北海道廳小作官補河村靜二ノ報告ニ係ル「適正小作料算定公式」ニ對スル批判トシテ右ハ那須浩博士ノ算定公式ニ立脚セル小農維持政策ニ他ナラズ、我國小作料ハ半封建的高率小作料ナルヲ以テ小農ノ自家勞賃及企業利潤ノ確保ヲ先決問題ト爲スベキ旨強調シ

(三) 昭和十四年九月上旬頃ヨリ昭和十五年一月下旬頃迄ノ間文化研究會例會開催ノ都度渡邊誠毅、矢島武外數名ト札幌市南一條西三丁目森永喫茶店其ノ他ニ參集シ、共産主義的觀點ヨリ「東亞共同體ノ構想」「農業共同經營論」「適正小作料算定問題」等ヲ討議シ、或ハ排田工提唱ニ係ル革新理論ニ對シ該理論ハ似テ非ナル「革命的ファッシズム理論」ナル旨駁論シ

第四、昭和十五年三月頃岩上夫美雄ノ轉任説流布セラルルヤ之ヲ契機トシテ渡邊誠毅、矢島武等北海道文化研究會左翼分子ニヨリ同研究會農業部門ヲ獨立セル研究會ニ發展セシメムトスル氣運ヲ看取スルヤ、共産主義的觀點ヨリ北海道農業ヲ分析檢討シテ所謂農業新體制ニ便乘シ得ベキ政策ヲ樹立シ會員ヲ共産

中川一男に対する札幌地方裁判所の判決(『思想月報』108号より)

営の農民体位に及ぼす影響を中心とし、各種農業形態と農民健康との相関関係に於いて之れが調査を為すべき旨提議し、之れが採択を得るや、同年七月十八日頃より同年八月十五日頃迄の間、自ら北海道山越郡八雲町、空知郡栗沢村及び前記大正村に至りて之れが調査に従事し」たこと、北海道農会機関誌『北海道農会報』に論文「北海道に於ける米生産費に対する一考察」、「事変下の北海道畑作農業」を、北海道農事協会機関誌『北海道農業』に論文「農業共同経営について」を掲載したこと、その他。

これらは中川に対するものであったが、研究調査活動そのものを処罰の対象とした点では、矢島や川村に対するものも大同小異であったろう。渡辺は一九四三（昭和十八）年九月二十八日、矢島と川村は同年九月二十九日に起訴され、翌年春頃、渡辺は懲役二年に、矢島と川村はそれぞれ懲役四年に処せられた。なお村上由は懲役八年（一九四四年二月十六日判決）、前田金治は懲役三年（一九四三年十一月二十二日判決）。中川喜一は懲役三年（一九四三年十一月二十六日判

矢島武。札幌の自宅にて1988年4月（筆者撮影）

決）に処せられた。

矢島は一九三四（昭和九）年に北大を出て、農業経済学科の副手、助手を勤めていたが、北海道農業研究会仲間の新聞記者や農会、県庁職員とともにヘッカー方でドイツ語の教授を受けていた。ヘッカー方訪名簿の一九四〇（昭和十五）年六月十二日には、渡辺誠毅と矢島武の署名が見える。しかし参加するものは次第に減少して、遂に矢島ひとりとなり、やがてフランス語の教授も受けるようになったのだが、矢島は検挙されてから、この関係でヘッカーにも累が及ぶのではないか、とひそかに心配したことを記憶している。それだけに自宅に見舞いに来てくれたことに感謝する気持ちは強い。

『北海道・進歩と革新の運動史年表』は、一九四五（昭和二十）年十月七日、苗穂の札幌刑務所から矢島武、川村琢、渡辺誠毅が中川一男、村上由、佐貫徳義、五十嵐久弥ら三十二名とともに釈放されたことを記録している。

戦後、渡辺は朝日新聞社社長、矢島、川村はともに北大農学部教授、農学部長をつとめた。

朝鮮人留学生

なおここで、戦争末期の北大事情を示すもうひとつの事件を紹介しておこう。『思想月報』第百九号（昭和十九年四、五、六月）に「札幌地方裁判所報告」として掲載されている「張本宗源に対する朝鮮独立運動関係治安維持法違反被告事件判決」（裁判長判事菅原二郎、判事松本重美、判事羽染徳次）についてである。この記事によると、「張本宗源」、「広田膺龍」（以下氏名はすべて上記記事による）は北大農学部卒、元満洲国留学生、「厳本商国」は北大工学部一年、「新井建錫」は北大予科二年、「吉玄黙」北大医学部一年、「柳江隆」は北大工学部三年在学の学生であって、「張本」と「広田」は昭和十九年五月十二日に懲役二年の判決があって確定しており、他の四名については昭和十九年四月から五月にかけて起訴されたまま未だ判決がない。そして「外六名捜査中」とあるから、当時北大に籍のあった朝鮮人学生の大部分が捜査の対象になっていたのではないか、と推測される。北大では他の大学と同様に、「満洲国」からの留学生を受け入れており、一九四一年に在籍学生二十八名で、既に交通が困難になった一九四四年にも十六名であったから（『北大百年史・通説』）、ここにその名をあげられた人たちはこれらに含まれていたと思われる。

判決の「盲断」

この事件のあらましは、「張本」に対する判決理由によって説明すると、次の通りである。

「張本」は「満洲国間島省龍井街に於いて半島人小作農の家庭に成育し、朝鮮咸鏡北道鏡城高等普通学校卒業後、昭和十一年十一月満洲国留学生試験に合格、翌昭和十二年四月満洲国より派遣せられて我が国に渡来し、東京高等獣医学校を経て、昭和十六年五月北海道帝国大学農学部農学科に入学、昭和十八年九月同大学を卒業したるが、之れより先、昭和十八年七月満洲国政府技術官高等試験に合格、同年十二月満洲国大同学院に入学予定の者」であった。

「張本」は「右龍井街在住当時、同地の半島人は概ね帝国の統治下に服するを嫌忌して逃避せる者なりとの事情を聞知してより、漸次民族的偏見乃至反日感情を抱くに至り」、「殊に北海道帝国大学入学後、朝鮮独立を希求する同大学生半島人林種黙、香山潭等と交友するに及びて、熾烈なる民族意識を抱懐するに至り、且つ経済学の勉学により、日本の圧政下にある朝鮮農民を救済し、半島人の真の自由と幸福を招来せんが為には朝鮮をして帝国統治権の支配より離脱せしめて独立国家を建設するに如かずと盲断し、大東亜戦争遂行途上、我が国力が疲弊し、朝鮮に対する統治力薄弱と為るに乗じて一斉に蜂起し、蘇聯の援助の下に一挙に朝鮮独立を実現し、我が国体を変革せんことを決意し」た。

そこで「第一、昭和十七年九月頃より昭和十八年一月中旬頃迄の間、北海道帝国大学農学部教室等に於いて」、「前記林種黙に対し」、次のように「力説強調し」た。「(一) 半島人学生は単に理科系統の勉学を為すに止まらず、哲学、社会学、経済学等を広汎に研究し、朝鮮独立実現の為、其の指導者たるべき素地を啓培する要ある旨、(二)、半島人の個人主義的性格を是正し、団結心の涵養を図り、将来の朝鮮独立に備える要ある旨、(三)、朝鮮民族の指導者たるべく、相共に常に民衆と同一生活に甘んずる精神を体得養成する要ある旨、(四)、自己の出生地たる間島省龍井街並びに蘇聯沿海州方面在住半島人は、極めて旺盛なる民族意識を抱懐し居る旨」。

「第二、昭和十七年九月頃、同大学農学部林学科に入学し来たりたる満洲国派遣朝鮮系留日学生、孫龍こと、広田膺龍と相識り、同人が熱烈に朝鮮独立を要望し居ることを察知するや」、被告人の下宿で次の事項について「協議を遂げ」た。「(一)、将来朝鮮を独立せしむるためには、軍艦其の他の兵器を必要と為すべきを以て、半島人学生は理工科方面に進み、技術を習得するの要あること、(二)、朝鮮独立に備え、半島人殊に半島婦人の体位向上を図る要あること、(三)、半島人学生は奮って大学所定の軍事教練に参加し、朝鮮軍隊の樹立に備うべきこと、(四)、朝鮮歴史を勉強し、半島人の民族的団結を図るべきこと、(五)、満洲国派遣朝鮮系留日学生を糾合して、朝鮮独立の指導団体を結成する要あること、(六)、フィヒテ著『ドイツ国民に告ぐ』は、民族意識昂揚の為には極めて良書なるを以て、友人にもその繙読方を勧奨すべきこと、(七)、朝鮮を独立せしむる為には、支那の援助を受くべきや、若しくは蘇聯の援助を受くべきや否や」、「その間、同人に対し、日韓合併等に於ける日本の韓国に対する圧迫の経緯、日韓合併条約問題等の解説を為し、又朝鮮独立の為には朝鮮と類似の人口面積を有する泰、和蘭、丁抹等の国情を研究する要ある旨等を力説強調するとともに、民族問題研究の参考書として、印貞植著『朝鮮の農業機構』、朝鮮総督府発行『朝鮮の年中行事』、高田保馬『民族耐乏』等の閲読を勧奨して同人の民族意識の啓蒙昂揚に努め」た。

これらが「国体を変革することを目的として、其の目的たる事項の実行に関し、協議其の他其の目的遂行の為にする行為を為したるもの」だ、というのであった。

判決それ自体がこの事件の非道なかみをそのままに伝えている。将来に希望をつないで今日の困苦に耐え、朝鮮独立の日のためにひたすら勉学にいそしむ間島省出身の朝鮮人学生の真摯な面持ちが目に浮かぶようである。北大はこのような学生を持ったことを誇りとすべきであったろう。それにしても人気のない教室や下宿の自室で、声をひそめて語りあったであろうこれらの会話は、すべて官憲に捉えられていた。この頃の北大は特高警察の制圧下にあった、とみなくてはなるまい。

矢島武は一九四四（昭和十九）年春から苗穂の札幌刑務所に服役していたが、そこに朝鮮人北大生が何人か下獄してきた。そのうちの一人、工学部の学生が矢島に「特高が朝鮮人学生のなかにスパイを放っていて、その連中にやられた」と語っていた。

そしてその後の歴史は、この判決の方が「盲断」であったことを早くに証明した。

VII　北方の国家秘密

三人の命運

一九三九（昭和十四）年の夏休、北大予科三年生の宮沢弘幸は、樺太（現、サハリン）に旅行した。大泊（現、コルサコフ）で日本海軍の石油タンクの建設工事に従事するためである。これは勤労奉仕で、暫く後に一般化した学生の勤労動員ではない。しかし既に前年六月に文部省は「集団的勤労作業運動実施に関する件」を通達し、主として学内での勤労奉仕が集団的に行われていたが、この年夏は文部省が全国から学生を集めて「興亜青年勤労報国隊」を大陸に派遣しており、宮沢の樺太行きもその一環ではなかったか、と思われる。ヘッカー家の訪客簿のこの年七月十四日には、「勤労奉仕で夏休みに入る」と書かれている。この夏、樺太の陸海軍や王子製紙などの工事に勤労奉仕する北大生が多く、宮沢も何人かの北大生とともに宗谷海峡を渡った。この年七月二十日から八月十日まで大泊で労働したあと、旅行好きの宮沢は一人でオホーツク海に沿って列車で北上し、敷香（現、ポロナイスク）に着いた。その車中の印象を次のように書き遺している。「北海道がもし北欧的だとすると、樺太はシベリヤ的の素質を備えている。より荒漠として、より粗放的な単一美、チェーホフにかかれているあの感じだ。大泊から敷香への退屈な車中、限りない原野となだらかな起伏、汽車の白い煙。輝くばかり明るい昼間、山火の跡は旅人の心にある恐怖を印象づける——荒れ果てた美しさ」。

宮沢弘幸、ナイプトニェニの母、川村秀弥校長（左から）樺太（サハリン）「オタスの杜」後ろは三角形のカウラ。1939年８月（秋間美江子提供）

敷香駅に降りた宮沢は、小さな北方の街を一巡したあと、東に向かい、軒の低い家並みが両側に続く広い道路を進んでホロナイ川の川岸に立った。この川は水源をソ連領に発する国際河川で、その河口の敷香は、木材積み出しの船や漁船でにぎわっていた。宮沢は、ここで渡船に乗り、対岸の三角洲、オタスに渡った。「オタスの杜」をみるためである。

のちに宮沢が遺したアルバムには、「オタスの杜」で大きなトナカイをまんなかにして、ウィルタ（オロッコ族）の女性と敷香土人教育所の川村秀弥校長、それに宮沢の三人が並んで立つ写真が貼られている。北方少数民族の研究者、田中了がこの写真のコピーを持参して一九八七（昭和六十二）年十月にサハリンの現地で調査したところ、この写真に映っているカウラ（夏から冬にかけて貯蔵食糧を作ったり、貯蔵したりするための茅葺の小屋）は、樺太庁の指導のもとに建てられた新しいものと違って、単純な三角形の古いスタイルのもので、日本統治下の「オタスの杜」ではずっと奥の方まで行かないと見ることのできないものであることが判った。川村校長は宮沢の希望で、「オタスの杜」の入り口に近い、半ばは内地から来た観光客向けの集落だけではなく、ずっと奥の方まで案内してこの写真が撮影されたものと推定される。そして真ん中に映っている女性は、ナイプトニェニ、日本名小川初太郎の母だ、というのである。宮沢はおそらく川村校長の型通りの案内に満足せず、求めて奥の方まで足をのばしたものと思われる。この間、宮沢と川村はどんな会話を交わしたのであろうか。（『世界』一九八八年七月号、田中了「北緯五〇度線の旅」参照）

宮沢はこの後、西北方の上敷香にまで足をのばし、再び列車で南下して札幌に帰った。一九四一（昭和十六）年十二月八日、太平洋戦争開戦の日の朝、宮沢は、北大予科英語教師、ハロルド・レーン、ポーリン・レーン夫妻とともに検挙され、翌一九四二（昭和十七）年十二月、札幌地裁によって、宮沢とハロルドは懲役十五年、ポーリンは懲役十二年に処せられた。ともに軍機保護法違反によるものであった。その処罰の理由には、宮沢がこの旅行で得た見聞が軍機の「探知」とされ、レーン夫妻に語ったことが、軍機の漏洩とされたことが含まれていた。

ここでは宮沢の訪ねた「オタスの杜」に住む北方少数民族の二人の青年が、宮沢と同じように「北方の国家秘密」にふれてスパイにされたあとを追って、国家秘密法の残した爪跡を探ってみよう。

「オタスの杜」

ホロナイ川を隔てた敷香の対岸のオタスには、「オタスの杜」と呼ばれる集落があった。樺太庁（樺太統治のための日本の官庁）がこのあたり一帯に雑居していた少数民族を一九二六（大正十五）年頃に、一カ所に集めてつくった集落である。もともとタライカ湾に注ぐホロナイ川の流域、タライカ湖周辺の広大なツンドラ地帯は、ウィルタ（オロッコ）、ニブヒ（ギリヤーク）、キーリン、サンダー、ヤクートなどの少数民族が入り混じって、狩猟、放牧などに従事してきた自由の天地であったが、樺太の開発が進み、漁業基地ができ、やがて製紙工場もできるか、ということになると、自由に移動してまわる狩猟民族の存在が邪魔になって、これらの人々を一カ所にまとめて定住させる必要が出てきた。「オタスの杜」はこうして日本の植民政策が作りだした集落であった。樺太庁敷香支庁は一九三〇（昭和五）年にここに敷香土人教育所を作り、川村秀弥を校長として「皇民化」教育を開始したのである。

一九四〇（昭和十五）年現在、樺太の「土着人」八十五戸、四百六人（オロッコ二百九十人等）、他に樺太アイヌ、千五百人という官庁統計があるが、恐らく実数より少ない。

タライカ湾に注ぐホロナイ川は、河口から少し遡ったところでシスカ川と合流している。その合流点に巨大な三角洲の砂丘地があって、「オタスの杜」はここにある。「オタス」とはアイヌ語の「砂地」という言葉に由来するらしい。

三角州のシスカ川沿いにウィルタの集落があり、ホロナイ川沿いにニブヒの集落があった。ウィルタの集落に住む少年、ダーヒンニェニ・ゲンダーヌ（北川源太郎）が土人教育所の課程を終えて卒業したのは、一九四〇（昭和十五）年三月のことであった。そこで宮沢が土人教育所を訪ねたときは、最高学年の六年生であった。

以下の民族、地名、氏名の表記は判決によるのだが、一方、三角州のホロナイ川沿いの奥の方に住むヤクート族の青年、アンドレイ・ニコライウィチ・ソロウィヨフは、宮沢が訪ねてきた一九三九年には十八歳で、三年間土人教育所で学び、ついで敷香第二尋常小学校をおえて敷香第一尋常高等小学校高等科に進んだが、この年三月に中退していた。その家庭内の地位はいささかぎごちないものになっていたからである。アンドレイは、ヤクート族の長老、ジミトリー・プロコピウィッチ・ウイノクロフの養子で、実父はツングース族の、ニコライ・セミョノウィッチ・ソロウィヨフであった。養父、ウィノクロフは「オタスの杜のトナカイ王」といわれた長老で、一九二五（大正十四）年にヤクート族の一統と三百余頭のトナカイを引き連れて、ソ連領の北樺太から南下してきて、この辺りに住みついた。養子アンドレイもこのとき養父に連れてこられた。実父ソロウィヨフは、ソ連領北樺太の東海岸、ノーグリックで漁業や狩猟をやっていたが、何度か南樺太にも南下してきて南樺太の同族とも交際していた。ところが一九三八（昭和十三）年十月、実父ソロウィヨフがソ連官憲の命を受けて、七、八人の同族とともに南下し、ウィノクロフを拉致して北に連れ去り、ソ連兵舎に監禁するという事件が起こった。ウィノクロフは隙をみて逃げ出し、南下して敷香の警察に保護を求めた。このようにして、ウィノクロフを追って南下してきたソロウィヨフらが日本の警察に捕まり、軍機保護法違反で樺太地裁に起訴された。ウィノクロフもまた、ソ連官憲の密命を帯びて南下したのではないか、と疑われて逮捕された。こうなると、アンドレイの立場は面倒なものになった。実父が養父を拉致し、北上南下を繰り返した挙句、双方がスパイ視されて、逮捕されたからである。ウィノクロフの家族は、アンドレイにつらくあたり、アンドレイはウィノクロフ家にいづらくなったのである。宮沢弘幸はこんなオタスの青少年達と出会ったかどうか。

なお実父ソロウィヨフは、一九四〇（昭和十五）年九月七日に樺太地方裁判所（裁判長喜多川元、寺尾正二、長友文士）で軍機保護法違反で懲役四年に処せられている。（『思想月報』九四号）

トナカイの「探知、収集」

ヤクート族の青年、アンドレイは、一九四二年五月二十一日、豊原（現、ユージノ・サハリンスク）の樺太地方裁判所で、軍機保護法、国境取締法違反の理由により、懲役十三年に処せられた。これは随分重い刑で、戦時下国家秘密法による処罰の例としては、ゾルゲ事件、宮沢・レーン事件に次ぐものである。判決（裁判長喜多川元、長友文士、広瀬賢三）は書いている。（『思想月報』九八号）「同年の秋、養父ウィノクロフは被告人の実父ニコライの奸策に陥り、ソ連人の為め狙撃せられたる上、北樺太マラカエフ兵舎に連行せられたるも、間もなく帰り来たるが」、養父が実父の奸策に陥れられたとなると、養家ウィノクロフ一家のアンドレイに対する態度は一変して冷たくなった。「養母及び義姉等の被告人に対する態度急変し、被告人を快く思わざるに至りたるより、翌十四年三月同学年を中途退学し、同年十二月他人に雇用せられ、トナカイ飼育の牧夫として稼働し居りたるも、怠惰にして素行修らざりし為め、翌十五年八月解雇せられ、爾来養家に在りて家業のトナカイ放牧の手伝を為し居りたるが」、しかしアンドレイが養家に戻ったのはなんとも不本意なことだったろう。ところが幸か不幸か、養家のトナカイの大群が逃げ出し、国境地帯にひろく散らばってどこにいるか判らなくなった。そこで一九四〇（昭和十五）年十二月二十九日、極寒の季節に、アンドレイは、樺太庁長官の一九四一（昭和十六）年二月十五日を期限とする国境制限区域出入許可証をえて、国境制限区域内に入り、「同僚チレンチ、アモナーナの両名と共に露営をなし、養父ウィノクロフ放牧のトナカイを探し集め居るうち、養家に居るを快しとせず、且つ素行不良にして世評芳しからざるを自覚し、右オタスに居住するを欲せざりし矢先とて、寧ろ密かに越境して蘇聯領北樺太に入国せむことを決意し」、一九四一（昭和十六）年一月「二十九日午前十一時頃、単身第三ビスタキを出発し、東北に向けて歩行し、同日午後四時過、国境を越え、蘇聯領に潜入したるが、直ちに蘇聯兵に逮捕せられ、アレクサンドロフに連行せられた」のであった。

アンドレイは、実父と養父が国境を挟んでいがみ合ったうえ、「スパイ」騒ぎを起こしたことに嫌気がさして、北越したのであり、彼が「探し集め」ていたのは、軍機ではなく、トナカイの群れであったのだが、ソ連官憲の取調をうけた際に、「国境付近における軍隊駐屯の有無、軍事施設の状況」などを答えて、「軍事上の秘密を外国に漏泄した」とされたのである。加えて、やがて釈放されたのち、ソ連官憲から、南下越境して軍事上の情報を探知して十日以内に報告せよ、という命令を受けて、一九四一（昭和十六）年十月十五日午前一時頃、「単身同所を出発し、幌内川上流左岸の地点より越境、邦領に潜入し南下中、同月二十日、敷香町俗称ボロド付近に於て他人に発見せられたる為め、探知の目的を遂げず」という次第であった。この二点が軍機保護法違反、そして北上、南下の越境が国境取締法違反とされた。アンドレイは、北越するまでに一カ月間、国境地帯で雪に埋もれて露営していたのである。このことができるのは、これら少数民族以外にはない。日ソ双方ともにここに目をつけたのである。アンドレイは、恐らく豊原の東南、旭ケ丘の麓にあった樺太刑務所で受刑中に日本の敗戦を迎えたであろう。この刑務所は八月二十六日にモロック少佐以下のソ連軍に接収されたが、そのまえに八月下旬、刑務所当局は、荒天と戦火のもとで、二回にわたりスパイ罪関係者の北海道・稚内への移送を強行していた（重松一義著『北海道行刑史』）。アンドレイもその移送に含まれていたのかどうか。その後のアンドレイの行方はわからない。

シベリヤへ

一九四五（昭和二十）年十一月二日午前九時、樺太・豊原のソ連軍軍事法廷は、ウィルタの青年、ダーヒンニェニ・ゲンダーヌに対して、北川源太郎の名のもとに、スパイ幇助罪により、重労働八年の判決を言渡した。ゲンダーヌは、敷香の日本陸軍特務機関によって「召集」され、訓練を受けたのち、国境地帯における情報活動に従事させられていたのである。

樺太への日本陸軍、樺太混成旅団の配置は、一九三九（昭和十四）年のことであったが、憲兵の配置は遙かに早かった。一九三三（昭和八）年には豊原憲兵分隊が、一九三八（昭和十三）年には敷香分駐所、恵須取（以下現地名、不詳）分駐所が開設されていた。「スパイ」対策は、部隊の配置よりも早いのである。そして一九四一（昭和十六）年には、樺太憲兵隊となり、上敷香、古屯、恵須取、豊原、真岡などに分遣隊が配置された。

陸軍特務機関という積極的な情報、謀略活動を行う部隊が樺太に設置されたのは、一九四二（昭和十七）年五月のことで、敷香と恵須取に支部がおかれた。機関長は斎藤浩三大佐で、敷香の支部長は瀬野中佐、扇貞雄大尉、橋本大尉などであった。開設当時、敷香の機関の二階建ての建物には、瀬野公館という表札がかかっていた。陸軍中野学校を出て、対ソ情報任務について専門的教育を受けた南部吉正軍曹は、開設時にここに赴任して、樺太原住民係を命ぜられた。早速「オタスの杜」を訪ね、各戸にあたって、十七歳から三十歳までの男性の名簿を作りあげた。北方少数民族を対ソ情報活動に動員する計画が進められていたのである。射撃にたけ、ツンドラ地帯を跋渉し、雪のなかで露営しながら自活する能力においては、中野学校卒業生もはるかに及ばない人たちを、「戦力」とすることを思いついたのである。

一九四二（昭和十七）年八月十一日、名簿に基づいて、青年達が召集された。南部軍曹らが召集令状を配って歩いた。土人教育所を出て、敷香支庁の給仕となり、やがてホロナイ川の渡船の運転をしていたゲンダーヌもその選に漏れることはなかった。それから土民教育所の隣の青年道場で合宿訓練が行われた。彼らは南部軍曹らの厳しい軍事教練をうけて、ひとかどの「情報戦士」に育てあげられていった。このいわば一期生は総数十七名であった。ゲンダーヌは、一九四三（昭和十八）年には。西海岸の沃内から安別にまわり、露営しながらソ連の巡察兵の行動を観察した。翌年も西海岸にちかい国境地帯に露営して、ソ連側からの潜入者の監視などにあたり、また半田から国境沿いに東海岸の浅瀬までの九十キロをスキーで走破して警戒にあたり、浅瀬で越冬した。敗戦のときもソ連の参戦を知らないままに浅瀬に派遣されていた。その途中で敗戦を知る。特務機関員はゲンダーヌ達を残したまま、一斉に姿を消した。彼らと再会したのは、ソ連軍に収容されてからだった。

ソ連軍軍事法廷によって、スパイ幇助として重労働八年の刑に処せられたゲンダーヌとその同胞達はシベリヤに送られ、カンスク、クラスノヤルスク、ドルゴモストなどのラーゲリで激しい労働に服した。何人かはそこで死亡した。辛苦の末に、引揚船興安丸で舞鶴に上陸したのは、一九五五(昭和三十)年四月のことであった。十年の歳月が経っていた。戦後日本政府は、ゲンダーヌ達への軍人恩給の給付を拒否した。当時ゲンダーヌ達に兵役法の適用はなく、それに特務機関長に召集の権限はなかったから、「召集」は召集ではなかったというのである。ゲンダーヌは、網走に住んで日雇いの労働生活を送っていたが、一九七八（昭和五十三）年、長年の念願であった北方民族資料館「ジャッカ・ドフニ」が完成してからは、その館長を務めた。その人生の最後に近く、漸く結婚もして充実した日々を送っていたが、一九八四（昭和五十九）年七月八日、脳出血のために逝去した。正確な享年は不詳である。網走市卯原内の高台にある墓地に、養父ゴルゴロとともに眠っている。ゲンダーヌの生涯、とくにウィルタのゲンダーヌとしてウィルタの民族文化の継承と保存に立ち上っていく過程は、田中了・ゲンダーヌ共著『ゲンダーヌ・ある北方少数民族のドラマ』に描かれている。この稿は主としてそれによる。

国境のある島

樺太、いまはサハリンと呼ばれる南北九五〇キロメートルの細長い島は、日露戦争後のポーツマス講和条約（一九〇五・明治三十八年九月五日調印）によって、その北緯五〇度以南は日本領になった。一つの島のほぼ中間辺りに国境線が引かれて、北はソ連領、南は日本領となったのである。講和条約の樺太関係の部分は次の通りであった。

「七、露国は樺太島の南部及びその付近における一切の島嶼を永遠に日本に譲渡すること。右譲与地域の北方境界は北緯五〇度とする。
八、日露両国は樺太島若しくはその付近の島嶼に堡塁その他之れに類する軍事上の工作物を築造せざること
九、日露両国は宗谷海峡及びダッタン海峡の自由航海を妨害することあるべき軍事上の措置を執らざること
十、露国は日本海、オコック海及びベーリング海に面する露領の沿岸における漁業権を日本臣民に許与する為、日本と協定することを約す」
このように樺太の非軍事化条項を含んでいたが、しかし日ソ双方ともに早くからこれを厳守する意思を失っていた。

太平洋戦争のあと、サンフランシスコ講和条約（一九五一・昭和二十六年九月八日調印）によって、日本は樺太に対する「すべての権利、権原及び請求権を放棄」（第二条c）した。一九四五（昭和二十）年八月、ソ連参戦とともに、南半部はソ連軍の占領下にあり、サンフランシスコ条約はこれを追認したのである。

そこで一九〇五（明治三十八）年から一九四五（昭和二十）年までの四十年間、南半部は日本の支配下にあり、当初は軍政であったが、やがて豊原に樺太庁、樺太地方裁判所などを置いて統治してきた。日本にとって、樺太はそのなかほどを東西に走る北緯五〇度線の国境をもって、隣国ソ連と接する「国境の島」であった。

生態系の破壊

しかし、ウィルタやニブヒ、ヤクートなどにとっては事情が違うのである。彼らはこの島に、日本人やロシヤ人が入ってくるよりも遙か昔から住んでいたのである。樺太北部の西岸は、その対岸のシベリヤと短い所では八キロメートルしか離れていない。実際に十二月から四月までは氷結して、大陸とは氷の上を自由に交通することができる。そこで東シベリヤに古くから住む民族たちが、氷を渡って樺太に住みついて、牧畜、狩猟、漁労などを行ってきた。ウィルタについていえば、もとアムール川の北部、アムグン川流域のツンドラ地帯にいたものが、十七世紀より遅くない時期に樺太に渡り、北緯五〇度線を中心とするツンドラ地帯に移り住んだ、とみられている。「住む」といっても、一カ所に定住するのではなく、水苔を求めて移動するトナカイについて、転々と移動して歩く遊牧民である。一カ所にとどまるのは、長くて二カ月である。ヤクート族にしても、冬と夏は住むところが違い、冬舎と夏舎の間をトナカイを追って移動する習慣を持ち続けてきた。そこで彼らにとっては、北緯五〇度線は自分たちの生活圏のなかに突如として定規をあてて引かれた人為的な妨害物であって、そこから北上、南下してはいけないといわれてみても、理解できることではなかった。実際、トナカイが自由に南北に移動する限りは、その後についていかないと、生活できない。

さきにアンドレイの実父、ソロウィヨフが処罰されたことに触れておいたが、この判決による

判　決

出生地　北樺太バルハタ村
住　居　樺太敷香郡敷香町俗稱オタス
　　　　ウイノクロフ方
　　　　ツングース族
　　　　馴鹿放牧ノ手傳
　　　　アンドレー・ニコライウイチ・ソロウイヨフ
　　　　當貳拾壹年

右ノ者ニ對スル軍機保護法違反竝國境取締法違反被告事件ニ付當裁判所ハ檢事渡部信男關與審理ヲ遂ケ判決スルコト左ノ如シ

主　文

被告人ヲ懲役拾參年ニ處ス
押收ニ係ル圖面壹葉（昭和拾六年領第四拾壹號ノ壹）ハ之ヲ沒收ス
訴訟費用ハ全部被告人ノ負擔トス

理　由

被告人ハ「ツングース」族ニシテ西暦紀元千九百二十二年（大正十一年）北樺太「バルハタ」村ニ生レ生後間モナク「ヤクート」族「チミトリ・プロコピウイチ・ウイノクロフ」ノ養子ト爲リ大正十四年養父母ニ伴ハレ邦領樺太ニ移住シ敷香郡敷香町俗稱「オタス」ニ於テ成長シ七、八歳ノ時ヨリ三年間右「オタス」所在ノ土人教育所ニ學ビ次テ樺太公立敷香第二尋常小學校ヲ卒ヘ昭和十三年四月敷香第一尋常高等小學校高等科第一學年ニ入學シタルモ同年ノ秋養父「ウイノクロフ」ハ被告人ノ實父「ニコライ」ノ奸策ニ陷リ蘇聯人ノ爲メ狙撃セラレタル上北樺太「マラカエフ」兵舍ニ連行セラレタルモ間モナク歸リ來リタルカ次テ同年十二月同人カ警察署ニ引致セラルヽヤ養母及養姉等ノ被告人ニ對スル態度急變シ被告人ヲ快ク思ハサルニ至リタルヨリ翌十四年三月同學年ヲ中途退學シ同年十二月他人ニ雇傭セラレ馴鹿飼養ノ牧夫トシテ稼働シ居タルモ

アンドレイ・ニコライウィチ・ソロウィヨフに対する樺太地方裁判所の判決
(『思想月報』94号より)

と、ホロナイ川左岸の国境近くのツンドラ地帯で自由な放牧生活を送っていた少数民族の生活の一端を窺うことができる。軍機保護法違反で一緒に処罰された八人のうち、七人は「トングース族」（判決の表記による）、一人は「オロッコ族」（同上）で職業は全部猟師となっている。三人はシベリヤ生まれ、五人は敷香生まれである。説明の便宜上、被告人の氏名をアルファベットで表示すると、Aは一九三五年九月から三八年十月までの間に前後十数回にわたって南下越境し、B（ソロウィヨフ）は三七年九月から十一月までと、三八年一月から十月までの間、南下して南部に住み、Cは三五年九月から三六年十月までの間、五回にわたって北上越境し、Dは三六年七月から三七年九月までの間、六回にわたって北上越境し、Eは三六年八月から三七年九月までの間、三回にわたって北上越境し、Fは三六年九月中に二回にわたって北上越境し、Gは三五年九月から三八年十月までの間、四回にわたって北上越境し、Hは三六年十月から三八年十月までの間、三回にわたって北上越境して、軍機を収集したり漏洩したりしたというのである。これらをみると、彼らにとって、国境線とは殆どあってなきが如きものではなかったかと思わせるほど、度重く南下、北上していたことがわかる。狩猟や放牧しながら移動するには、実際上国境を越えるのに不自由はなかったのではないか。

そこに国境を境にして、相互に国家秘密を抱え込んだ「敵」と「味方」が対峙し、南下すれば南側からスパイといわれ、北上すれば北側からスパイといわれる面倒な関係が持ち込まれたのである。加えて双方の特務機関が「任務」を押し付け、南下しても逮捕され、北上しても逮捕されたのである。これでは遊牧の民は生活できない。

ソロウィヨフたちの裁判について、『思想月報』九四号はその「公判概況」を掲載しているが、それによると検事は「日蘇の国交緊迫せる時に於いて」、「被告人らに対し刑罰を科することに依り、被告人等のみならず、国境付近に居住する多数の土人をしてかかる犯行を為さしめざる様警戒を与うる必要」あり、と論じている。この公判は「安寧秩序を害する虞ありとの理由にて対審の公開を停止」し、札幌地裁所長越川道三、検事正樋山良広の二人が「特別傍聴人」として傍聴している。

しかし国境付近における、国家秘密法による一罰百戒は、そこに住む人たちの生存にかかわる。国家秘密法は、生態系の破壊につらなることを象徴している。

いま自民党が立法を準備している国家秘密法案は、重要な国政情報について、これを知る少数者の国民を味方とし、これを知らない多数者の国民を敵として、その間に多数者の側からは決して越えてはならない「国境」を設定し、この「国境」を越えたり、越えようとした人々を厳重に処罰して、スパイとして国家と社会から抹殺しようとする悪法である　それは、情報の交流によって維持されている市民社会の生態系を破壊する。国政情報を共有することによって、平和な国家を維持し、国民主権をうちたてようとする、この国の民主主義の生態系を破壊する。

「北方の脅威」か

明治時代以来、私たちの国には、「北方の脅威」論が根付いているように見える。それが理由の乏しい「北方の国家秘密」を生み出してきた。それらに触れた人々に重い刑罰を科したことの背景には、明らかに「北方の脅威」論があったと思われる。

明治以来の北海道の歴史を貫くものは、ひとつは開拓と殖産であり、もうひとつは「北方の守り」を固めるということであったろう。一八七五（明治八）年、千島・樺太交換条約によって、ロシヤとの間に、一応の北辺の安定をはかった明治政府は、その前年には『屯田兵例則』を定めて北海道に屯田兵制度を施行し、窮屈な財政のなかでアメリカから武器弾薬を仕入れ、石狩国札幌郡琴似村に兵舎を建てて、武装した開拓民を導入した。そして一八九六（明治二十九）年、札幌に第七師団を置いた。同時に函館周辺の要塞建設が進められ、一九〇二（明治三十五）年には既に完成していた。

ロシヤの南下の危険が「北方の脅威」のなかみであったが、しかしその後の展開はむしろ、日本陸軍の北上の歴史であり、実際にソ連軍が南下した例は一九四五（昭和二十）年八月まではなかったのである。日本陸軍の北上の第一回は、日露戦争の時の、樺太全土の占領である。第二回は、一九一八（大正七）年のシベリヤ出兵であり、更にニコライエフスク事件の解決のための保障占領と称して、一九二五（大正十四）年まで続けられた北樺太を含むサガレン州の占領である。この時のサガレン州の占領は、ウラジオストック方面からの一九二二（大正十一）年の撤兵以後も続けられた。さらに日本は占領、撤兵の度毎に利権を手に入れてきた。日露戦争の時は露領沿岸における漁業権であり、シベリヤ出兵の時は北樺太の油田、炭田の利権であった。このように、北樺太には二度にわたって攻め込んでいたのである。「脅威」を感じていたのは、むしろ先方なのである。その後も日本陸軍の作戦計画には、いつも北樺太、沿海州、カムチャツカへの上陸、占領が記録されてきた。一九四〇（昭和十五）年頃のこととして、「陸軍はこの方面においても対ソ作戦態勢の基盤を整えたが、対米作戦の関心はほとんどなかった」、「この方面に対する対米作戦計画は、この時期陸軍には全くなかった」、「北部軍は、北方を向いたまま大東亜戦争開戦を迎えることになった」（戦史叢書『北東方面陸軍作戦（1）』）と書かれている。そしてこの年、北部軍司令部が新設され、さらに翌年の「関特演」の実施によって対ソ戦争を開始する危険は最高潮に達した。この時は、関東軍の飛躍的増強が行われただけではない。樺太への兵力増強が行われて、「北樺太作戦準備が本格的に発足し」たのであった（前掲書）。

北部軍の目が対米に向くのは、一九四三（昭和十八）年二月、北部軍が北方軍に改編され、アリューシャン作戦をも担当することになった頃からである。そして、この年五月にアッツ島守備隊の全滅、七月のキスカ島の撤退を経て、「北千島は名実ともに対米第一線」となる（戦史叢書『北東方面陸軍作戦（2）』）。一九四四（昭和十九）年三月、北部軍は第五方面軍に改編され、翌年五月「北海道本土決戦」を中心とした対ソ作戦準備にとりかかる。五月九日付で大本営は第五方面軍の任務について、「対米作戦中蘇国参戦せる場合に於ける北東方面対蘇作戦計画要領」を発しているが、これについて前掲書は「これは能否はとも角、攻勢に終始した対ソ作戦準備について大本営として初めて防御の方針を示したものとして注目すべき点であった」と解説している。この期に及んで攻撃能力を失ったことの表白であったが、同時にこのときまで「攻勢に終始した対ソ作戦準備」を堅持してきたことの表白でもあった。

「本土決戦計画」

ここで大戦末期の「北海道本土決戦計画」について、前掲書と「第五方面軍作戦概史」(『新しい道史』十一巻五号～十二巻二号)によりながら素描しておこう。一九四五(昭和二十)年六月三十日付の第五方面軍の「防御作戦準備要綱」によると、「主決戦方面」は道東では計根別平地(根室東南)、道西では苫小牧平地とし、東西両方面同時のときは「東部北海道に於いては国民抗戦に止め」る、つまり軍隊は道東を捨てて、国民にまかせる。六月末から七月始め頃、全道に配置された航空機は僅か八三機、そこでB—29に対する特攻だけに使用する、船舶輸送隊も上陸軍に対する舟艇による特攻のみ。主戦場における兵数約十万として、その三分の一で対戦車特攻を行い、他の主力で随伴歩兵を撃滅といった具合で、特攻以外に戦術はない。重視していたのは「軍政的作戦準備」で、「地域内官民を組織して戦力化する」、その際、「国民戦闘組織の中核」となるのは在郷軍人による「地区特設警備隊」約一万三千名、それに「軍の立場からみて、平時の組織中、年齢、訓練等の関係で最も軍隊的なもの」としての「学徒部隊」、これが全道で約三万名、他に義勇兵役法による「国民義勇戦闘隊」でこれが第一線部隊として十万～十五万名、後方部隊として三十万〜五十万名と「胸算」された。別に鉄道義勇戦闘隊が七万五千名。このようにして全北海道と全道民を戦火の中に叩き込む方針だった。そして八月、樺太と北千島での日ソ戦闘を経て、敗戦を迎えた。

ソ連参戦後のことについて、前掲書はいう。「ソ連の参戦を迎え、ここに方面軍は北部軍創設の由来にもどり、再びソ連軍と相対することとなった」。壊滅のときに「創設の由来」が回生したごとくである。

「脅威」から「平和」へ

こうみてくると、日本陸軍の北方戦略が対米に向いたのは約二年半に過ぎない。前掲書の冒頭の「概説」は、次の言葉で結ばれている。「徳川時代から、露国の脅威に始まった北東の兵備は、途中において対米に転じたが、最後はやはり露国（ソ連）であった。そしてそれはなお今日に及び、また今後も続くのではなかろうか」。これらの本の著者、防衛庁防衛研修所戦史室の、この北方軍事史観に、日本帝国に伝統的であった「北方の脅威」論と、その今日における再生の姿をみる。

しかし、冷静に考えてみると、「北方の脅威」論は、実はロシヤやソ連の南下の危険ではなくて、日本軍の北進の危険であったろう。それは、国民には北からの南進の危険として、倒錯されて意識されていた。

今日またしても「北方の脅威」論がさかんで、それが日本の軍拡の必要として説かれている。一九八六年十月から十一月にかけて、北海道で行われた日米共同統合実働演習は、陸海空自衛隊六千人、米三軍七千人が参加する大規模なもので、参加する米軍機の中には在韓米空軍の飛行機も含まれていた。今日、陸上自衛隊の火力の半ば以上は北海道にある。ソ連軍が北海道に上陸し、北海道を戦場とする戦争が行われることを想定しているからである。千歳の北部方面隊第七師団は74式戦車二三二両をもつ機甲師団となり、機甲化は旭川の第二師団、帯広の第五師団、真駒内の第十一師団でも急速に進められて、地上戦闘の火力を蓄えている。地対艦ミサイルの配備が計画されて、津軽、宗谷海峡封鎖作戦の準備が進んでいる。日高山脈の東、大樹町の浜大樹には太平洋に面して、海岸水際演習場の新設が企てられ、これは米軍とともに千島、サハリン侵攻作戦を行うための演習場ではないか、とみられている。また北海道は対ソ情報収集基地としての機能を強化している。稚内、根室の情報基地には、北方ソ連の情報を求めて米軍、自衛隊の情報部隊が活動している。これらはすべて「北方の脅威」論によって「正当化」されている。

この「北方の脅威」論の実相を衝いて、「北方の脅威」を「北方の平和」に切り換える努力、いまそれが求められている。

VIII　国家秘密法のもたらすもの

消えた学生たち

黒岩喜久雄は最近、九州に住む北大時代の学友から一通の手紙を受け取った。友人は拙著『ある北大生の受難』を読み、そのなかに黒岩の名を発見して、黒岩が戦時中に苦難を経験したことを初めて知ったことの驚きと、黒岩の力になれなかったことの苦渋を綴り、再会の日にその苦難の話をきかせてくれ、と書いていた。黒岩は一九四一（昭和十六）年十二月二十七日、大学の卒業式から札幌警察署に出頭するにあたり、学友に「俺が今から警察に行くということを頭に留めておいてくれ」と云い置いた。それはこの日、忽然として学友の前から姿を消してしまう自分の将来に不安を抱いたからだ。しかし黒岩が逮捕されたことは、殆どの学友に知られることはなかった。黒岩の場合、卒業と同時に学友たちは大方は兵役に服するために各地に散ったであろうから、その逮捕が学友たちの注意を惹くことがなかったことも、理解することができるが、しかし黒岩が保全病院を退院してから裁判が終わるまで、宇都宮牧場の世話になったのは、むしろこの牧場に身を潜めたといった方が正しいのであって、黒岩の側からそれまでの交友をしばらく断った、とみるべきだろう。

宮沢弘幸の場合、彼の受難を知ったのは親しくしていた少数の友人に限られる。宮沢の電気工学科の同級生は二六名であって、そんなに多い数ではなかったから、ある日宮沢が姿を消したことがどうしてそんなに級友の注意を惹かなかったのかは、理解し難い程である。宮沢の電気工学科の同級生に私の尊敬する旧友がいて、その友人に宮沢のことを問い合わせたときの最初の答えは、予科からの同級生に宮沢がいたことは覚えているが、彼はいつの間にかいなくなった、どこかに「亡命」したんじゃなかったか、というのであった。レーン夫妻、ヘルマン・ヘッカー、フォスコ・マライーニたち欧米人と交際していた親しい友人たちは、勿論宮沢がレーン夫妻とともに検挙されたことを知ったが、彼らの頭にまず浮かんだのは、災厄は自分たちのところにも及ぶのではないか、という恐怖だった。松本輝男は、その頃は薄氷を踏む思いだったと述懐した。そして「私は当時自分のことだけ考えるのが精一杯で、宮沢君のために何一つすることもできませんでした」(札幌弁護士会前掲『記録集』)。そこで親しい友人たちは、口をつぐんだ。こうして誰も宮沢のことを口に出して語らなくなった。

事件と裁判の秘密化

事件の中身が判らず、それを知ろうとすることは事件への近接を意味したことが、却って事態を難しくした。ことは、国家秘密にかかわるスパイ事件だから、その内容もまた国家秘密であって、それを知ろうとすることは、新たな嫌疑の対象となる。こうして受難と犠牲とは、スパイ事件と書かれたプレートを地上に残したまま社会の地下深くに埋めこまれる。黒岩はレーン夫妻と親しかった本屋を訪ねて、事情を聞こうとしたら、その主人は、私はそんなにレーン先生と親しくしていたわけではない、と答え、高橋あや子は宮沢の級友を探しあてて事情を聞いたら、その級友の態度が余りにそっけないのに落胆した。

宮沢の家族は、嫌疑の内容を知ろうとして手を尽くしたが、わからなかった。警察はとりあわず、弁護士は説明しない。大学の総長に救援を依頼したが断られ、京都にマライーニを訪ねたが、勿論ここでもわからない。裁判は非公開で面会は許されない。こうして裁判自体が国家秘密化した。そしてスパイ事件だというレッテルだけは動かない。

家族は受難を秘して、社会的な非難から逃れようとする。殻に閉じこもり、黙して世間の白眼視にただひたすら耐える。宮沢家の人々も戦中は勿論、戦後もまたながくその道を歩んだ。

藤倉電線の社内誌『フジクラ』八八年三月号に、社長加賀谷誠一が「フジクラにかかる人ありき――『ある北大生の受難』を読んで」という一文を寄せている。宮沢弘幸の父、雄也は一九一七（大正六）年から一九四五（昭和二十）年まで、ながく藤倉電線に勤務した技師であったが、加賀谷はまた雄也を岳父とする秋間浩と大学時代からの友人であった。拙著を読んだ加賀谷は、これらの縁にふれながら社員に語りかけている。

この文章は、拙著の内容を簡潔、正確に要約して「太平洋戦争の狂乱の時代にご子息の受難に屈せず、フジクラのために身を尽くされた宮沢雄也先輩を巡る物語」を紹介したあとで、「わが社の古老的社友に宮沢雄也先輩のことを問い合わせ」た結果を秋間浩に伝えた手紙の一節を紹介している。宮沢雄也が「有能な電気ケーブル製造の技術者」であり、部下、同僚に信頼の厚い人であったことがわかった、としたうえで、「このような話でしたが、皆さんはご子息のいることは知っていても、災難に遭っていることは誰も知らなかった。出征しているものだとばかり思っていたようです。しかし、このような他人に云えない災難の中に身をおきながら、会社では明るく、部下に慕われていた人柄を知り、さらに尊敬するとともに、父親として、わが子を思い、さぞかし胸の張り裂ける毎日であったことでしょう」としている。ここで注目したいのは、雄也が長男弘幸の受難について社内では誰にも知らせず、その不在の理由を「出征して戦地にいる」と説明していたことである。事実、宮沢家では人から問われたときは、「出征している」と答えることにしていた。しかし「どこに征っているのですか」と問われて父は南方に征っていると答え、母は大陸に征っていると答えて、いぶかられることはしばしばであった。弘幸が獄中にあることは宮沢家四人の親子の胸深くに秘められて、親類にも明かさなかった。母とくの「手記」には、「親子で親類にも知らされぬ出来事でしたが、通し切った物と思って居ります。偏に主人の指揮がよくて、皆心を一つにしてやったからと、いつも感げきして思い出します」と書かれている。母とくは、

札幌円山墓地のレーン夫妻の墓前で、左より松本照男、秋間浩、筆者、秋間美江子、鎌内啓子、山本玉樹、郷路征記、1987年７月(山本玉樹提供)

むしろ隠し通したことに安堵してデンバーに果てた。

　そして今日なお殆どすべての戦時下の国家秘密法による犠牲者が、その苦難の経験を語ろうとしないのも、昔日のつらい日々の再来をおそれるからに他ならない。

　レーン夫妻は一九四二（昭和十七）年八月三十一日に、いったん札幌大通拘置所を出されて帰国船に乗船するために横浜に送られたが、その船は配船されないことになって、九月二十二日にまた大通拘置所に逆戻りさせられた。しかしこの時にレーン夫妻は帰国したものと誤って伝えられ、それ以来すべてレーンについて書かれたものは、アール・マイナーの書いた『日本を映す小さな鏡』を除いて、このときに帰国したものと記述していることは拙著『ある北大生の受難』に書いた通りである。そのためにレーン夫妻はこの年の暮れに札幌地裁でそれぞれ懲役十五年、十二年の判決を受け、翌一九四三（昭和十八）年五月、六月に大審院の上告棄却の判決を経て、確定囚として服役し、この年九月に帰国したことがすべての記録から抹殺されたのであった。この約一年の間、レーン夫妻は誰にも知られることなく、拘禁され続けていた。このようなことが起こったのも、レーン夫妻が拘禁されたまま在日しているという事実そのものが秘密化されていたためだと考える他はない。黒岩喜久雄さえ自分の判決を受けた時は、レーン夫妻はすでに帰国したものと固く信じていたのである。

反目と疑心

戦後再び北大の招聘を受けて一九五一年三月二十六日横浜港着で再度来日したレーン夫妻は、しばらく東京で菅野利兵衛方に身を寄せていたが、その間に最初に訪問したのは飯田橋の宮沢の家だった。両手に持ち切れないほどの生花を持って宮沢家の玄関先に立ったレーン夫妻は、弘幸への弔意を述べた。しかし弘幸の母、とくはレーン夫妻を許さなかった。「レーンさんたちが弘幸についてあらぬことをしゃべったから弘幸は殺されたようなものです。帰って下さい」。とくはそういって譲らなかった。レーンは一言も弁明することなく、ただ頭を垂れて宮沢家を辞した。とくとその家族はそのように信じ込んでいた。事件と裁判の内容を知らされることなく、一途に息子弘幸を信じてきた母親は、弘幸の災厄の原因はレーン夫妻にある、と思い続けてきたのである。

戦時下の国家秘密法の運用は、反目と疑心によって宮沢家とレーン夫妻とを切り割いていた。国家秘密法は人間の絆を切断したのである。

弘幸の妹、美江子が一九八六年秋になって、亡兄の事件のあらましを知り、レーン夫妻もまた無実を主張して完全に孤立無援の異国で最期まで争っていたことを知って、最初に思い出したのが戦後にレーン夫妻が宮沢家を訪問したときの情景であった。知らなかったために犯した過ちとはいえ、とくの態度がどんなに深くレーン夫妻の気持ちを傷つけたかと思うと、その過ちが美江子の心を激しくゆさぶった。一九八七年七月十日、アメリカから来日して札幌の円山墓地のレーン夫妻の墓に詣でた美江子は、母に代わってレーン夫妻の献花を拒絶した非礼を詫び、その許しを願った。

国家秘密法の仕組み

国家秘密法は、情報を掌握した少数者が情報から疎外された圧倒的多数の国民を敵視し、それら相互の間に反目と疑心を植えつけることによって信頼と連帯を破壊し、国民をバラバラにすることで戦争政策を強行しようとする。国民のなかに「敵」と「裏切者」を作りだすことによって、憎悪と不信と疑惑をかきたてて国民の戦争への抵抗力を打ち砕こうとする。人をみたらスパイと思え、という考えがこの法律の中心にある。昭和十六年四月、内務省警保局外事課発行の『防諜講演資料』には、「現在の日本国民は、私共の眼から見れば防諜を知らざる故とは云いながら、殆ど大部分外国スパイの手先であると断言してはばからぬ程度なのである」と書かれていた。そしてひとたびスパイにされてしまうと、助かる余地はない。

宮沢弘幸は、一九四一（昭和十六）年七月に逓信省の灯台監視船に便乗して千島、樺太を旅行した。その際の見聞が軍機の探知とされた。宮沢は自分から進んで探知したことはない、乗船中に乗組員が船室で語ってくれたので知ったのだ、と主張してその船員たちを証人に呼んでくれるように要求した。船員たちは予審に出頭して、そのようなことを宮沢に語ったことはない、と否定した。宮沢は船員から聞いた、ということによって、心ならずも船員の軍機漏泄罪を告発したことになる。船員はうっかり宮沢のいうことを認めると自分がスパイになってしまう。一方宮沢は船員をスパイにしないと、自分がスパイにされてしまう。つまりこの法律は誰かをスパイにしないではおかない。

戦時下の軍機保護法は、自首したものには必ず刑を減軽、免除する規定を置いていた。いま自由民主党が用意している国家秘密法案にも同じ規定がある。例えば国家秘密を探知した者は、自首したうえでそれを自分に提供した者を告発すれば、自分に対する刑罰は減軽されるか免除されることになっている。他人をスパイにすれば、自分は免れうる。逆にいえば自分がスパイとして処罰されることを免れようとすれば、他人をスパイにしなくてはならぬ。

日弁連への攻撃

一九八六年十一月十四日、「スパイ防止法を支持する法律家の会」という団体が結成された。この団体が八七年十二月十一日に、五百八名にのぼる弁護士、学者などの名を連ねて、この法案に反対している日本弁護士連合会（日弁連）に対して公開質問状を発表した。この会の代表世話人として九人の名があげられているが、そのうち七名は井本台吉もと検事総長をはじめとする検察高官（もと検事長五名、もと法務次官一名）で、あと一名は公安関係のもと警察高官である。これらのもと検察高官たちは、大方は戦前または戦中に検事になって、国家秘密法や治安維持法を運用する第一線で活躍した人たちである。この公開質問状は一読して極端な国家主義、権威主義の産物であることが明らかだが、それだけに国家秘密法の考え方を理解するには格好なものである。

公開質問状はいう。「いかに優れた装備を備えた精強な軍隊を擁する国といえども、国防に関する高度の外交方針や軍事情報が相手に筒抜けであったならば、とうてい国の安全、存立を確保することはできない」、そこで国家秘密法を制定して「最高刑を以て処断する法律を整備することは、独立国である以上、蓋し当然である」、「スパイ防止法は国家の存立そのものを守るのが目的である」、この当然の事理に反して法案反対を唱えるのは「違法である」。それに国民の知る権利も「国の安全と独立が確保されてこそ存立し得る」から、スパイ防止法の方が優先するのは当然だ、という。「そうであるにもかかわらず、我が国の国家秘密に対して『知る権利』の行使の必要性を強調することは、我が国の国家秘密が我が国の国民の前に公開されると同時に、これを知り得る外国、特に我が国と緊張関係にある国の情報機関にこれを提供する『謀略』に加担するのが狙いではないかと思わざるを得ない」、そして「我々は祖国と同胞を裏切る、このような貴会の政治運動をこのまま放置することは、必ずや国の将来を誤り、我が国の安全、存立を危うくする結果を招来するものであると確信する」。

これでは日弁連は、「祖国と同胞を裏切」り、「我が国と緊張関係にある国の情報機関に提供する『謀略』に加担する」スパイ団体だ、と云っているに等しい。すでにもと検事総長をはじめとする人たちが、こともあろうに日弁連を「裏切り者」呼ばわりし、スパイ呼ばわりし始めていることを私は重視する。国家秘密法に反対するものを「スパイ」呼ばわりすることによって、法案反対運動を押しつぶそうとするところに、国家秘密法の「論理」があることを示している。「スパイ防止法制定を支持する法律家」たちは、どうしてそんなに「裏切り者」や「スパイ」をつくり出したいのか。わたしたちは人間の絆を大切にする。そのために人間不信を中心にして、この国と社会をつくり変えようとする国家秘密法の企てに反対する。なおこの公開質問状に対して、日弁連は一九八八（昭和六十三）年五月に『日弁連の考え方』と題する回答書を公表し、丁寧な反論を展開した。

『スパイキャッチャー』の世界

ピーター・ライト著『スパイキャッチャー』という本が読まれている。サッチャー首相がイギリスで発売禁止の裁判戦術に訴えているうちに、世界中で出版されてしまったという本で、著者はイギリスの対スパイ活動の機関、ＭＩ５に一九七六年まで勤務していたもと高官である。およそ対スパイ活動と呼ばれるものの一端を知るには格好な本である。盗聴、傍受、侵入、誘拐、それに時のウィルソン首相さえもスパイにしてしまう謀略に至るまで、話題にこと欠かない。スパイ予備軍と目されたイギリス共産党についていえば、「数カ月間、ＭＩ５は共産党の重要な会合のすべてを盗聴できた」といった具合である。そこでこの本はスパイ狩りの行きつく終点をも同時に示す結果になっている。対スパイ活動にとって、最大の仕事は味方のなかに潜む敵のスパイを摘発することだ。ライトはＭＩ５の長官、ホリスがソ連のスパイであるに違いない、という見込みの下に何年をかけて上司のスパイ活動の確証を摑むことに血道をあげた挙げ句、それに失敗して自らその職を去らざるを得なかった欝憤を晴らすために、この本を書いたようなものである。面倒なことにＭＩ５にスパイがいることを最初に教えてくれたのは、ソ連のスパイで、しかも長官ホリスがスパイであることを摘発できないでいるＭＩ５に腹をたてたアメリカのジョンソン大統領が、アメリカの対スパイ機関をイギリスに派遣してＭＩ５に隠れて調査に当たらせたりするのである。こうなるとどんなに精密なスパイの系統図を作ってみても役にたたない。味方のなかのスパイを摘発するためには、敵側にいつ、いかなる情報が流れたかを知る必要がある。これらを知ることによって、何時、誰が情報を流したかがつきとめられる。

そのためには、敵のスパイのなかに味方のスパイを潜入させなくてはならない。そして時にはわざと味方の方から情報を流して、それが伝達されていく経路を押さえる必要がある。こうなるとスパイのスパイの、そのまたスパイが入り混じって、スパイ組織と対スパイ組織とは区別がつかなくなり、それらを判別するために疑心暗鬼が全組織を支配する。国家秘密法が幅をきかす社会と国家の縮図がそこにある。私たちが反対するのは、そのような国家、社会の再現である。日弁連を「祖国と同胞を裏切る」ものだとし、敵の「情報機関にこれを提供する『謀略』に加担するのがその狙いではないか」などと云って非難する、そのやり方である。

人間の絆の回復

宮沢弘幸は、一九四五（昭和二十）年十月十日に宮城刑務所を釈放されて、一九四七（昭和二十二）年二月二十二日に病没した。宮沢は人並みはずれて頑健な肉体と強固な意思力を備えた青年であったが、釈放されたときは衰弱しきっていた。この衰弱から立直れないままに、その若い命を閉じた。

なぜ宮沢は死ななくてはならなかったのか。なぜ宮沢は立直ることができないほどの打撃を受けたのか。私はこの一年半ほどの間、この自問に自答しようとしてきた。長い留置場での拘禁と拷問、拘置所生活、そして網走での二年間が宮沢の肉体を破壊したのは勿論のことである。このことを第一にあげなくてはならないだろう。しかしそれにもまして、大きな打撃はおそらく宮沢が警察、検察、裁判、刑務所を通じて、国家と社会、そして人間への信頼を打ち砕かれたことだったろう。マライーニは八七年七月に札幌弁護士会の求めで、市民集会「宮沢事件の真実」に寄せたメッセージに、「私は彼の優れて独立心の強い性格が自分の立場を危うくしたのではないか、と思います。おそらく彼は、官憲と向かい合っている際に求められる控え目で従順な態度を拒否し、尋問に対しては、真正面から面をあげて答えたに違いありません」と書いていた。

宮沢を最もよく知っていた年長の友人の述べたことは、間違いがないだろう。そしてまたマライーニは、宮沢について「彼のもっとも好ましい性格の一つであった強固な自己確信」とも書いていた。つまり、みずからたのむところの強かった宮沢は、特高に対しても昂然と立ち向かったに違いない。それがまた特高の方に激しい反動を呼んで、宮沢の処遇にはねかえってきたことだろう。しかし宮沢の「自己確信」の強さは、反面では正しいことは必ず通る、という人間信頼に連なるものであった。宮沢が懲役十五年の刑が確定して、網走刑務所の独房に入れられた時に、おそらくは信頼を裏切られたことによる激しい敗北感と虚脱感に陥ったであろう。この挫折からは、釈放後も容易には抜け出せなかったであろう。釈放直後に宮沢と会ったマライーニは、宮沢のすっかり落ち込んだ姿を描いている。その頃、宮沢がその青春の全力投球を試みた北大への関心を全く失っていたことも、このことと深い関係がある。この挫折と不信から抜け出るまで、宮沢の肉体は待ってくれなかった、ともいえようし、またそれらが宮沢の肉体を回復させなかった、ともいえるだろう。

宮沢弘幸は、まさしく国家秘密法の犠牲者であったと思う。

黒岩喜久雄には、特高が疑いをかけたことについて、なに一つ思いあたることはなかった。黒岩はレーン家の女中、石上茂子から、憲兵がレーン家の訪客と会話の内容を教えてくれ、と依頼したという話を聞いたことがある。黒岩は石上がその依頼に応じた、とは思っていない。そしてまた四一年夏のこと、レーン家の窓から石上とともに、窓外の木陰に立ってレーン家をうかがう憲兵の姿を現認したことがある。黒岩もまたレーン家に迫る危険を感じていた。しかし自ら省みて少しも疑われるようなことがなかったこともまた確実であった。そのことをいま、黒岩は幸いなことだった、と回顧している。

そして逮捕されて取り調べを受け、裁判を経てからも、今日に至るまで自分がいかなる理由で処罰されたのかが判らない。

しかし学友の多くが兵役に服するのを特高の拘束のもとで病院の窓から見送ったとき以来、そして多くの学友が大陸や南方で戦没していったことを思う度に、自分があのいまわしい事件にまきこまれて戦争に事実上参加できなかったことに、自分でも説明し難い後ろめたい気持ちを持ち続けてきた。その気持ちに自分なりの整理をつけられるようになったのは、最近のことだ。自分は間違っていたのではない。間違っていたのは国の方だった、という実感をもつことができたのは、一九八七年秋にキャサリンとドロシーの姉妹と四十六年ぶりの再会を果たし、切れることのなかった人間の絆を確認しつつ、青年時代からの日々を思い返すことができたことと深い関係がある。

黒岩が絶えて事件の体験を語ることのなかったのは、レーン夫妻がその深刻な経験を語ろうとしなかった心事に影響を受けていたことのほかに、このような心のわだかまりがあったからで、いま問われるままに少しずつ人に語るようになったのは、このわだかまりがいくらか解けてきたからであろう。

国家秘密法は疑心の壁で人々を孤立させる。相互の監視と摘発によって、この国と社会を駄目にする。この壁をつき破って、人間の絆を撚りあげること、それがこの悪法の再来を押しとどめる力であろう。

終章　宮沢事件とは

宮沢家の人々

この本の執筆が前著『ある北大生の受難―国家秘密法の爪跡』につながるものであることは、すでにみられたとおりである。前著上梓の直後から、新しい幾つかの事実が判明してきて、前著の主題について引き続き関心を持たざるをえないこととなり、それらをもう少し広い問題関心のもとに書きすすめるうちに、本書ができあがることになった。そこで宮沢事件の研究を通じて国家秘密法の問題点をつきとめる、という前著の主題については、是非読者諸賢に前著の御一読をお願いしたい。しかしその機会を得られない読者の方々もおられると思われるので、ここでもう一度宮沢事件のあらましを記述しておくこととしたい。

宮沢弘幸は一九一九（大正八）年八月八日、現在の東京都渋谷区代々木で、父雄也、母とくの次男として出生した。もっとも長男俊光はその前年に夭逝していたので、事実上は長男だった。

山谷小学校から東京府立第六中学校（現新宿高校）経て、一九三七（昭和十二）年四月、北海道帝国大学（現北海道大学）予科工類に入学し、札幌の「エルムの学園」での新しい学生生活を始めた。父雄也は、一九一七（大正六）年から一九四五（昭和二十）年まで藤倉電線に勤務した誠実な電気技師で、母とくは横浜の生糸商、松浦吉松の娘であった。弘幸には弟妹があり、弟晃は後に慶応大学経済学部に進み、妹美江子は同じく大妻女専、津田塾に進んだ。

一九五四（昭和二十九）年にフォスコ・マライーニは、宮沢家を訪ねた。この頃、宮沢家は飯田橋の警察病院の裏に住んでおり、弘幸はすでに亡くなっていた。マライーニはその印象を次のように書いている。（『ミーティング　ウィズ　ジャパン』）

「宮沢家の新しい家は、東京の高台に最近建てられた簡素な家だった。これらの高台では、それが実は都心近くにあっても、どこか田舎にいるような感じがするものだ。宮沢家は、我々の場合には確実に自動車の一台も持っているような中産階級だったが、日本では生活ははるかに質素なもので、それはそうせざるをえない必要からばかりでなく、趣向と習慣からいってもそうなのである。いかなる社会水準にあろうと、日本人は我々よりは疑問の余地なく質実剛健である。特に中産階級の場合には、我々との違いはもっと著しい」、「宮沢家に資産があることを知るに足るこまかなことはいくらもあるが、しかし彼らの住居、食事、着物、娯楽などはすべて、仏教的簡素の考え方で微妙に貫かれている。この考え方は、日本では最も価値あるものとされているのだ」。ここには弘幸らの育った家庭の一面が描かれている。

知識への渇望

宮沢弘幸の北大予科での生活について、学友若林司郎はこう書いている。「宮沢弘幸君は私とは一緒に昭和十二年三月北大予科工類に入学し、共に文化部に入部し、共に当時の予科長の藤原正先生（東大哲学科卒業）を講師として、古典研究会をつくった。当時藤原先生は古典は原語で読むことが大切であると云って、英語、独語、伊語、エスペラント語等の勉強をすすめた。宮沢君が外国語に興味をもち、外人教師や外国人交換学生との親交があったのは、彼自身の語学の才にもよるが、右藤原先生の言葉を実践したものであったとも云える」。（札幌弁護士会編、前掲『記録集』）

宮沢弘幸は予科、工学部時代を通じて、外国語、外国事情について旺盛な知識欲を発揮した。とくに北大予科の外国語教師であったレーン夫妻、ヘルマン・ヘッカー、小樽高商の教師であった太黒マチルド夫人、北大に来ていたフォスコ・マライーニについて、英語、ドイツ語、フランス語、イタリア語を学んだ。とくにフォスコ・マライーニとその家族と親交を結び、一九四〇（昭和十五）年九月から翌年四月まで、北十一条、西三丁目に借家していたマライーニ家に同居した。そしてスキー、登山をともにした。またマライーニの影響で、アイヌ民族に強い関心を示し、しばしば日高、平取村二風谷のコタンに足を運び、黒田彦三やN・G・マンロー博士の家に泊まった。前著『ある北大生の受難』六三頁掲載の写真（札幌・J・バチェラー邸前）の左端は、N・

G・マンローであり、右端はその妻、チヨ夫人である。(N・G・マンローについては、桑原千代子著『わがマンロー伝』参照)。この写真は宮沢のアルバムに残っていたもので、J・バチェラーとN・G・マンロー夫妻がともに写った貴重な写真である。

一九三九(昭和十四)年六月には、理学部に来ていたドイツ人、ヴォルフガング・クロルを加えたこれらの欧米人、「満洲国」からの中国人留学生呉景禹(推定)と日本人北大生十人ほどで「ソシエテ・ドュ・クール」(「心の会」)をつくり、定期に研究会を開くようになった。ハロルド・レーンはこの会の別名にFIDNACと名づけた。フランス、イタリア、ドイツ、日本、アメリカ、中国の頭文字をつなげたのである。「会員同志の会話は、英、独、仏、伊の四カ国語が公用語ということ」になり、「宮沢君は大げさな身振りと、ごちゃ混ぜの各国語で大奮闘、会を愉快にもりあげてくれた」(大条正義「宮沢君との悲しいふれあい」(下)東京エルム新聞三二四号)。こうして戦時下日本の大学では稀有な、知識への渇望に燃えた学生たちと外人教師との学習グループが生まれた。これらが特高、憲兵の注目を惹くこととなった。宮沢弘幸は一九四〇(昭和十五)年四月、工学部電気工学科に進学した。電気技師、父雄也の期待に応えたのである。

四回の旅行

宮沢弘幸は旅行を好み、道内各地を旅行したほか、(1)一九三九(昭和十四)年夏に樺太、(2)一九四〇(昭和十五)年夏に「満洲国」、一九四一年(昭和十六)年夏に(3)千島、樺太、(4)

中国大陸を旅行した。（1）はこの年夏に文部省が行った学生勤労奉仕隊の大陸派遣の一環として、樺太大泊の海軍石油タンク建設工事に従事する機会に樺太各地を見物したのであり、（2）は南満州鉄道株式会社（満鉄）が行った論文募集に応募して提出した「大陸一貫鉄道論」が入選し、満鉄の招待による調査団に参加したことによる。（3）は札幌逓信局長だった遠藤毅と父雄也が知り合いの関係で、逓信省灯台監視船の巡航に北大の推薦を得て便乗したもので、（4）は海軍委託学生になった関係で海軍が見学のために軍艦への便乗を許したために実現したものであった。このようにそれぞれ事情があって実現した旅行であったが、しかし宮沢の側に、機会を捉えて旅行に出て見聞を広めようとする積極性があったことも間違いない。

これらの旅行の他に、一九三九（昭和十四）年秋には海軍の軍事思想普及講習会に、四一（昭和十六）年春には陸軍戦車学校での合宿訓練に参加した。

これらの旅行や軍事思想普及講習会で見聞したことをレーン夫妻に語ったことが、のちに軍機の探知と漏泄とされた。

遺した文章

宮沢は、前記（2）の旅行記を四〇（昭和十五）年十一月から十二月にかけて、三回にわけて北大新聞に「満州を巡って」と題して発表し、陸軍戦車学校での合宿訓練の体験記を四一（昭和十六）年六月の北大新聞に「戦車を習ふ」と題して発表している。またこの年五月号から八月号の

大陸一貫鐵道論（一）

宮澤弘幸

序

私は昨夏滿鐵の招聘に依つて滿洲を一巡した者ですが、その際、私の專攻に因んで滿鐵の電化問題を調査して來ました。そしてこの問題が經濟上及び國防上危險であるとの謬見によつて屢々專問違ひの高官に一笑し去られたと聞き、且つ滿鐵內自身で大して研究してゐないのを私自身の眼で見て來ました。

併し私は內地へ戾つてから各方面の權威と討論するに從つてますます大陸に於ける電氣鐵道の必要性を深く痛感するに到つてゐます。こゝでは一段落ついた私の研究を中間報告的に書いて見ましたが、唯一つ、これを未經驗者の突調子もない夢と一笑し去らぬ事を前以てお願ひして置きます。

流線型で窓は廣く椅は厚く電燈は明るくて而も眩惑なく、車內は清潔、速力は極めて靜

京を出て對馬海峽の底をくぐつて奉天、天津、漢口、廣東、ハノイを拔けてバンコックへ正確に定められた時間に寸秒違はずに到着して東亞共榮圈を日々確保する――かゝる事は今日に於ては確かに夢ではあるが、明日の世界に於ては現實であらねばならぬものである。三十年前には滿鐵社員の間にさへ特急「あじあ」はとてつもない夢ではなかつたか。幸ひにして我等の新天地滿洲は正夢の國であつて、凡ゆる夢が實行に移されつつある。

此の論文は、大陸電氣鐵道なる大きな夢を出來るだけ多く資料を引用し乍ら出來るだけ現實に近づかせ、之の實現が可能であり必要である事を證明しようとする目的を持つてゐる。唯々、かかる事を研究する者が必ず經驗するやうに資料蒐集は實に苦心慘憺するのである。がこの乏しい內

第一章　滿洲國及び滿鐵の新しい意義

此の章は一見明瞭で言はずもがなの感があるが、大陸の鐵道を論ずるにはどうしてもここからの確實な認識が必要であるので、敢へて書く次第である。

日本は世界に誇るべき、一千六百年の國史を持つが實はその中の二千五百有餘年は他い國內で專ら自己完成の爲に內觀的な道德、倫理、藝術を發展せしめるのに過して來たのである。勿論その間に外國との交涉はあつたのだが明治維新後一轉して世界の檜舞台へ乘り出したのに比較する時は甚だ影の薄い交涉史であ斷く實に悠長な鎖國――奮德川時代に限らぬ――に依つて自己を深め來り、最後の大危機の一瞬に我が帝國は上つて異常な大飛躍をなしたのである。

即ち、中世の禁欲主義から人生享樂に眼覺めたルネッサンス以來、洪水が堤を決した樣な勢で世界中に財寶を求めて運輸路開拓に狂奔した歐洲人は、遂に十九世紀末葉より二十世紀に入つて世界征服の最後の幕たる極東分割に手を伸ばし、日本に亟東を還附せ

宮沢弘幸「大陸一貫鉄道論」（『満洲グラフ』1941年5月号、9巻5号より）

『満鉄グラフ』（満鉄発行）に「大陸一貫鉄道論」を発表した。これは満鉄の応募論文に旅行体験を加えて補正した長大なものである。

「大陸一貫鉄道論」は、東京に発して西はバクダッドまで、南西はカルカッタ、バンコックに至る電気鉄道網を構想したもので、欧米の鉄道事情や文献を基礎にしている。「極北のシベリヤにさえ鉄道が施けたのだ」、南に敷設できないわけがない、という論調である。この構想のスケールの雄大さは、確かに宮沢の考え方の一面をしめしている。「我々が最も注意を向けねばならぬことはこの鉄道の目的が侵略的、排他的であってはならぬ点である」などとも書いているが、しかし日本帝国は「北進なすべし」、「南進また大いにな

すべし」とする「大東亜共栄圏」構想に乗ったものであることは間違いない。宮沢はこの論文の「第五章費用及び年限」の冒頭に「この章を書こうとして私は世界中の有名な鉄道施設の費用年限その他を調査してみたが、余りにも膨大な資料が集まりすぎてしまった。これらは他日、満鉄だけの電化について論文を書く時まで全部保存しておこう」と書いていた。つまり次の論文として「満鉄電化論」の執筆の構想をもっていたが、果たさなかった。

「満州を巡って」は丹念な旅行記で、宮沢の「満州」観が全体として軍国日本の「満州」政策の路線のうえにあったことは当然のことだが、しかしまた冷静に事実をみる眼と、とらわれない意見を述べていることが注目される。宮沢は「満人小学校」の「土牢のやうな薄暗さ」に、北海道アイヌの「陰惨な家」を連想し、日本人学校と比較して「厳然たる」「差別」の存在を指摘し、天照大神が「満人」の「祖神に祭られてある」のを見て、「満州帝国は独立国に非ず」と断定している。宮沢は「五族協和」、「王道楽土」の「満州」という軍国日本の宣伝の虚偽を確実に見破っていることがわかる。また「北満」農業の電化の必要を説いて、国境の向こう側のシベリヤでソ連が行った農業電化の実績に学ぶ必要がある、と述べている。

「戦車を習ふ」では、宮沢の陸軍への好意が語られている。

検挙と裁判

一九四一（昭和十六）年十二月八日、日米開戦の朝、宮沢はレーン家を訪ねた直後に北大構内で特高に検挙された。宮沢はすでに身辺に迫る危険を感得していたから、この朝、敵国人になったレーン家を訪問したのは、勇気のある決断によるものだと思う。そして仮にレーン家の訪問がなかったとしても、この日に宮沢弘幸を検挙することは特高の既定の方針だったと思われる。宮沢は「自分は誰かから頼まれて何かを調べようとしたことはない、秘密を探ったり、漏らしたりしたことはない、自分は国を愛することにおいて誰にも負けない、自分はスパイではない」と主張した。そして札幌、夕張、江別などの警察に回されて、逆さ吊りなどのはげしい拷問を受けた。警察、検察では拷問に耐えかねて、外形的事実を認めたが、予審では強く否認して争った。公判廷でも同様だった。裁判は公開禁止で進められ、検事の求刑は無期刑だった。札幌地裁は翌一九四二（昭和十七）年十二月十六日、弘幸に対して軍機保護法違反で懲役十五年の有罪判決を下した。この刑の重さは、戦時下の国家秘密法関係の事件では、ゾルゲ事件に次ぐものであった。

宮沢は大審院に上告して無罪を主張した。しかし大審院は翌一九四三（昭和十八）年五月二十七日に上告棄却の判決を行い、宮沢はこの年六月頃に網走刑務所に下獄した。

ここの独房で二冬を過ごすうちに、宮沢はすっかり健康を失った。一九四五（昭和二十）年六月、宮城刑務所に移監され、やがて戦争は敗戦に終わり、この年十月十日に釈放された。当時静岡県富士根村にあった宮沢の家に戻った弘幸は、結核の療養に専念し、一時は好転したかに見えたが、遂に再起できないまま、一九四七（昭和二十二）年二月二十二日、東京、飯田橋の自宅で逝去した。軍国日本の国家秘密法による犠牲であった。

なおハロルド・レーンとポーリン・レーンは、宮沢と前後して札幌地裁で懲役十五年、同十二年の重い有罪判決を受け、上告をして最後まで争ったが、同じく宮沢と前後して上告棄却の判決を受けて、苗穂の札幌刑務所で受刑した。その後、他の刑務所に移監されたかどうかは確認できないが、一九四三（昭和十八）年九月、交換船でその故国に送還された。

戦後一九五一（昭和二十六）年三月に再度来日して、北大に戻り、ハロルドは一九六三（昭和三十八）年八月七日に、ポーリンは一九六六（昭和四十一）年七月十六日に札幌で病没した。

誤った判決

宮沢弘幸に対する一審判決はすでにない。関係官署において敗戦直後に焼却したものと推定される。僅かにその一部が「大審院刑事判例集」に引用されているにとどまる。大審院判決はその全文が今日の最高裁判所に残されているが、そこに展開された弁護人の上告趣意書には、国家秘密法の問題点が縦横に論及されている。前著で、私はこれらに基づいて宮沢に対する一審判決の復元に努力した。

それによると一審判決は、まず宮沢の「思想」の認定に始まる。宮沢は、「毎週金曜日、同夫妻（レーン夫妻、私註）の開催する英語個人教授会に出席して英語会話の教授を受けたることありて以来、同夫妻に心酔して親交を重ねるに及び、漸次その感化を受け、極端なる個人自由主義思想及び反戦思想を抱懐するに至り、遂に我が国体に対する疑惑乃至軍備軽視の念を生ずるに至る処」

というのである。これは、個人主義、自由主義、反戦思想、国体への疑惑、軍備軽視の念などの気にくわない思想をいっしょくたにして並べたてて宮沢のものとし、それらがレーン夫妻への「心酔」に発する、としている点に特色がある。しかし、事実として宮沢がこれらの思想の持ち主でなかったことの証明はたくさん存在する。大条正義は「むしろ右翼的と云っていいほど」だった、という（前掲）。また、マライーニはいう。一九三七（昭和十二）年十二月の、日本陸軍による南京大虐殺を報道したアメリカの新聞（拙著『核時代の国家秘密法』Ⅷ「南京大虐殺―一九三七年の国家秘密」参照）を宮沢に見せたところ、宮沢は天皇の軍隊がこんな残虐なことをするはずがない、全部デマだ、といって受けつけようとしなかったと。宮沢もまた「一九三七年の国家秘密」を隠し通したこの国の国家秘密法の壁に閉じこめられていたのである。判決のいう「思想」の認定は偽りであった。

次に「動機」の認定である。判決はいう。「右レーン夫妻が旅行談を愛好し、就中軍事施設に関する我が国の国家的機密事項に亙る談話に興味を抱き居るを観取するや、（中略）同夫妻の歓心を購はむが為、我が軍事上の秘密を探知して同夫妻に漏泄せんことを企て」。しかしハロルド・レーンは第一次大戦に良心的兵役拒否を貫いたクェーカー教徒であって、これほどの非軍事的人物は稀だった。それに「歓心を購はむが為」などという心理は誇り高い宮沢のものではなく、そのような関係を排斥するところに師弟関係の成立する基礎があった、とみられる。この「動機」の認定もまた偽りであった。

次に宮沢の行為についてであるが、いずれも旅行中または軍事思想普及講習会などでの見聞が「探知」とされ、それらをレーン夫妻に語ったことが「漏泄」とされた。しかしそれらは常識的にみて、また一九三七（昭和十二）年、軍機保護法改正の際の帝国議会での軍部や司法省の答弁からしても、到底「軍機」とは云えないようなものだった。軍の講習会で秘密が語られることはなかったし、樺太、千島、中国大陸での見聞にしても旅行者が当然に知ることのできるものであった。つまり宮沢がレーン夫妻になにごとかを語ったとしても、それらは旅行談の域を出るものではなかった。なかには、根室に海軍飛行場があることなど、リンドバーグ夫妻が一九三一（昭和六）年に初めて飛行機で太平洋を渡って来日してこの飛行場に着水し、そのことが全世界に報道されて以来、天下周知の事実となっていたことも含まれていたのである。

再び宮沢家の人々

宮沢弘幸の弟、晃は慶応大学在学中に学徒出陣して海軍の予備学生となり、戦闘機のパイロットとなったが、北九州の基地に勤務中に長崎に原子爆弾が落とされ、その被害調査のために被爆直後の長崎上空を何度か飛行しているうちに放射能に被曝した。戦後は商社に勤務していたが、一九六四（昭和三十九）年四月十二日、白血病で逝去した。長崎上空での被曝が原因になったものと思われる。兄弘幸とともに、若くして戦争の犠牲となった。

父雄也はすでに一九五六（昭和三十一）年四月十四日に病没していた。次第に身寄りを失った

秋間美江子(左)マライーニ(中央)筆者。京都にて1988年4月(秋間浩提供)

母とくは、一九六五(昭和四十)年以来アメリカに住む娘、美代子とその夫、秋間浩を頼って渡米し、一九八二(昭和五十七)年一月二十八日、デンバーで病没した。

そして秋間夫妻は一九八六(昭和六十一)年秋以来、兄宮沢弘幸の犠牲の真実を確かめ、あわせて国家秘密法の再来を防ぐための努力を重ねている。そのために日本とアメリカの間を何度も往復し、多くの人々と会って亡兄の足跡を偲びながら、古い友情を回復し、新しい友情にも恵まれたことだった。

自分たち自身がその過中に投げ込まれていた不信と猜疑から抜け出して、人間らしい連帯の確かさにも触れる思いをした。なによりも戦争と国家秘密法の生み出した地獄のような苦しみのなかに、信愛を絶やさなかった人々のいたことに励まされた。

秋間美江子は、この思いの一端をせめて亡母とくの晩年に共有したかった、と思う。私はこの思いにふれて、国境を越えた死者と生者の共同の力で、戦争と国家秘密法を押しとどめたいと思う。そして日本国民は、「政府の行為によって再び戦争の惨禍が起ることのないようにすることを決意し、ここに主権が国民に存することを宣言し、この憲法を確定する」（日本国憲法前文）としたことを想起する。

一九八八（昭和六十三）年四月二十三日夜、亡父宮沢雄也の三十三回忌のために来日していた秋間夫妻は、京都のホテルでフォスコ・マライーニと会って旧交を温め、宮沢弘幸のありし日を偲びつつ、人間の絆の確かさを感じとっていた。同席していた私がマライーニに、「あなたは弘幸が戦後に生きた短いあいだに、北大時代の友情を回復しようとした唯一人の友人でした」というと、マライーニは暫く黙っていたのちに、「ヒロユキは、私に日本と日本人についてたくさんのことを教えてくれました」と答えた。宮沢弘幸もまた生きのびて、もしマライーニについて所感を問われたならば、同じことを答えたことだろう。

あとがき

自由民主党は、一九八五（昭和六十）年六月に国家秘密法案を国会に提出し、そのあと継続審議になっていましたが、この年十二月に廃案となりました。自由民主党の特別委員会を中心とする法案推進勢力は、その後、一方では法案に若干の修正を加えて幾分とも通りやすいものにすると同時に、他方では言論界、経済界、法曹界などの各界に法案の必要性を宣伝し、地方議会での推進決議をひろげる作業を進めて、国会への再提出の機会を狙ってきました。そこでいままでは法案の名称は「防衛秘密を外国に通報する行為等の防止に関する法律案」と呼び、「スパイ行為」という言葉を「外国に通報する行為」といいかえて、この言葉につきまとう暗い語感を回避する工夫などをこらしていますが、この法案の危険ななかみは変わっておりません。

ところが一九八七（昭和六十二）年には、中曽根内閣の売り上げ税導入の政策に反対する国民運動が拡がって、推進勢力は国家秘密法案提出の機を失い、一九八八（昭和六十三）年五月二十五日に終わった第百十二国会にも、大型間接税創設の政策課題を抱えて法案の提出は見送られることになりました。

しかしこの間、この法案の背後にある日本とアメリカとの軍事同盟体制は、一層の強化と深化がはかられてきたことを見逃してはなりません。

一九七八（昭和五十三）年十一月に「日米防衛協力のための指針」が締結されてから、共同作戦計画の策定は着々と進められてきました。すでに一九八四（昭和五十九）年十二月には「日本有事」の際の共同作戦計画が、一九八六（昭和六十一）年十二月には「シーレーン防衛共同作戦計画が調印され、引き続き「極東有事」の際の共同作戦計画についての作業が進められ、一九八八（昭和六十三）年一月には、「日本有事の際の米軍来援円滑化のための研究」の発足が合意されました。これらは国民の自由と人権を極度に抑圧する広汎な有事立法を必要とすることが予測されています。

さらに日本の先端技術や通商を、アメリカの軍事戦略に従属させる様々な企てが続けられています。一九八七(昭和六十二)年五月に明らかになった東芝機械事件は、日米間の政治問題となって、この年秋の外為法改悪に発展し、日本は商品輸出についても、「国際的な平和と安全の維持」という名のアメリカの軍事戦略上の制約を受けることになりました。一九八七（昭和六十二）年六月のSDI参加協定では、「秘密の情報の保護」について「すべての必要かつ適当な措置をとる」

ことが約束され、通産省はすでに「戦略防衛技術保護のための訓令」を発して、秘密保護のための行政指導を強化しました。近く調印が予定されている日米科学技術協力協定の改訂では、アメリカ側の強い要求で、あらたに安全保障条項が創設された、と伝えられています。加えて軍事秘密特許について、一九八八（昭和六十三）年四月に「防衛特許協定」（日米相互防衛援助協定第四条に基づいて一九五六年調印）に基づく「了解覚書」が調印され、アメリカで秘密特許とされた軍事技術については日本でも非公開とする制度が発足することになりました。

これは既存の日米相互防衛援助協定、それに基づく日米秘密保護法、各種の行政上の取り決めや行政指導を活性化する、という新しい手法とみるべきでしょう。

これらすべては、日本の科学技術と通商に対して、主としてアメリカの軍事秘密の側からする重大な制約を加えるものです。このようにして、アメリカの軍事的要求に発して大量の「国家秘密」を創出し、それらを国民の目から覆い隠す体制は、確実に強化されております。国家秘密法案はこれらの仕上げをはかる集大成として、用意されているのです。私たちは法案の動向とともに、目前で進められている既成事実の集積に目を注ぐことが大切でしょう。そしてこれらの一連の出来事は、ほとんど日本の国家主権をないがしろにするような強引なやり方で、しかも日本の国会が事実上ほとんど関与しないところで、いわば秘密のうちにおし進められていることに、もっとも危険な徴候をみてとるものです。

そしてやがては、たとえ仕上げとしての国家秘密法がなくても、その政治目的の大半を達っせられるような体制を、新たにつくり出そうとしていることに現下の特徴があります。

この本は国家秘密法反対のために、私がつくった五冊目の本です。(『国家秘密法のすべて』共編、青木書店、一九八五年九月刊、『戦争と国家秘密法―戦時下日本でなにが処罰されたか』イクォリティ、一九八六年二月刊、『核時代の国家秘密法』大月書店、一九八七年一月刊、『ある北大生の受難―国家秘密法の爪跡』朝日新聞社、一九八七年九月刊)。この三年間、時々の情勢を反映しながら一つの問題関心が連続し、展開してこれらの本はつくられてきました。そこでこれらの前著も併せてお読み頂ければ嬉しいことです。この本は、直接には『ある北大生の受難』に連なるもので、その執筆の経過は本文に書いた通りで、あらためて付け加えることはありません。

フォスコ・マライーニさんの著書の英訳本『ミーティング ウィズ ジャパン』の紹介について、この本の記述はあくまでその一部にとどまります。もっとその全体像をしめすような著書の刊行されることが望まれます。

なお序章「ロッキー山脈の麓で」は、雑誌『文化評論』一九八八年四月号に「ドラマの終幕・コロラドへの旅―『ある北大生の受難』余話―」として、Ⅶ「北方の国家秘密」は同誌一九八七年十月号に「北方の『国家秘密』―『スパイ』にされた青年たち―」として掲載された稿に、それぞれ加筆したものです。

多くのことを教えて頂いたフォスコ・マライーニさん、山本玉樹さん、田中了さん、矢島武さん、黒岩喜久雄さん、富森啓児さん、山岸堅磐さん、高橋あや子さん、高橋照子さん、高橋勝彦さん、滝沢義郎さん、植木迪子さん、石戸谷滋さん、松本照男さん、桑原稔さんに感謝申し上げます。前著に続き、秋間浩さん、美江子さん夫妻にはすっかりお世話になりました。あらためてお礼申しあげます。

なおこの本では、とくに断わってはおりませんが、前著『ある北大生の受難』の記述を小さな点で、事実上訂正している部分があります。また本文では敬称は一切省略し、戦時中の文献の引用にあたっては、ごく一部ですが現代風にあらためたところがあります。

一九八八年六月十日

上田誠吉

上田誠吉（うえだせいきち）
1926年生まれ。弁護士。元自由法曹団団長。2009年没。
主な著書
『誤った裁判』（共著）岩波新書
『国家の暴力と人民の権利』新日本出版社
『裁判と民主主義』大月書店
『ある内務官僚の軌跡』大月書店
『昭和裁判史論』大月書店
『戦争と国家秘密法』イクオリティ
『核時代の国家秘密法』大月書店
『いま、帝の国の人権』花伝社
『治安立法と裁判』新日本出版社
『民衆の弁護士論』花伝社
『見えてきた秘密警察——緒方宅電話盗聴事件』花伝社
『司法官の戦争責任——満州体験と戦後司法』花伝社
『ある北大生の受難——国家秘密法の爪痕』花伝社、他多数

[新装版] 人間の絆を求めて——国家秘密法の周辺

2013年5月25日　初版第1刷発行

著者 —— 上田誠吉
発行者 —— 平田　勝
発行 —— 花伝社
発売 —— 共栄書房
〒101-0065　東京都千代田区西神田2-5-11出版輸送ビル2F
電話　03-3263-3813
FAX　03-3239-8272
E-mail　kadensha@muf.biglobe.ne.jp
URL　http://kadensha.net
振替 —— 00140-6-59661
装幀 —— 黒瀬章夫（ナカグログラフ）
印刷・製本—シナノ印刷株式会社

ISBN978-4-7634-0664-4 C0036